煤矿水文地质及水害防治技术研究

沈铭华 王清虎 赵振飞 ◎ 著

黑龙江科学技术出版社

图书在版编目（CIP）数据

煤矿水文地质及水害防治技术研究 / 沈铭华，王清
虎，赵振飞著. -- 哈尔滨：黑龙江科学技术出版社，
2018.3

ISBN 978-7-5388-9691-6

Ⅰ．①煤… Ⅱ．①沈… ②王… ③赵… Ⅲ．①煤矿—
矿山防水—研究 Ⅳ．①TD745

中国版本图书馆 CIP 数据核字 (2018) 第092722号

煤矿水文地质及水害防治技术研究
MEIKUANG SHUIWEN DIZHI JI SHUIHAI FANGZHI JISHU YANJIU

作 者	沈铭华　王清虎　赵振飞
责任编辑	王化丽
封面设计	尚　达
出 版	黑龙江科学技术出版社
	地址：哈尔滨市南岗区公安街 70-2 号 邮编：150007
	电话：(0451) 53642106 传真：(0451) 53642143
	网址：www.lkcbs.cn
印 刷	廊坊市海涛印刷有限公司
开 本	710mm×1000mm 1/16
印 张	12
字 数	250千
版 次	2018年3月第1版
印 次	2022年8月第2次印刷
书 号	ISBN 978-7-5388-9691-6
定 价	58.00元

前　言

我国是世界上产煤量最多的国家之一，原煤总产量的90％以上属于井工开采。然而，我国煤矿地质、水文地质条件总体来讲十分复杂，受水害威胁的煤炭储量约占探明储量的27％，不少矿井面临着水害威胁，煤矿水害事故在逐年上升。

煤矿水害事故是仅次于瓦斯突出与爆炸的重大灾害事故，其造成的人员伤亡、经济损失一直居各类矿难之首，且在煤矿重、特大事故中所占比重较大。煤矿水害主要是指在煤矿建设和生产过程中，不同形式、不同水源的水体通过某种导水途径进入矿坑，如孔隙水、煤系砂岩裂隙水、灰岩岩溶裂隙水、老窑（空）水、地表水体等通过断层、陷落柱、采动裂隙和封闭不良钻孔等导水通道溃入井下，并给矿山建设与生产带来不利影响和灾害的过程及结果。

本书主要以麦垛山煤矿为研究区，共分为九章内容：第一章介绍了麦垛山煤矿的概况、位置与交通以及自然地理概况；第二章阐述了自然界中的水循环、地下水的赋存和地下水物理性质与化学成分等内容；第三章讲述了充水水源、涌水通道、充水强度及影响矿井充水的因素等内容；第四章介绍了矿井涌水量预测的四种方法，分别是大井法、集水廊道法、水文地质比拟法及数值法；第五章阐述了煤矿水文地质的类型划分、煤矿水文地质勘探及煤矿水文地质补充勘探的相关内容；第六章介绍了煤矿水害的五种类型、煤矿水害的产生原因及防治水害的建议与措施；第七章主要阐述了煤矿水害的预测和水害应急救援等相关内容；第八章主要阐述了地面防治水技术、矿井疏放排水技术、井下探水技术、注浆堵水技术以及水文自动观测系统和排水系统等；第九章介绍了上行开采防治水方案论证及分析和上行开采条件下130602工作面防治水技术研究等两方面内容。

本书主要以《煤矿防治水规定》《煤矿安全规程》以及《矿井地质规程》为依据，广泛收集麦垛山煤矿防治水工程资料和科研成果资料，通过分析麦垛山煤矿的自然地理与人文地理，以及对地下水基本知识的介绍，从理论和技术上对水文地质特征进行了深入系统的研究，并总结了相应的水害预防与治理技术手段。

由于写作时间仓促，加之作者水平有限，书中难免会有疏漏与不足之处，恳请广大同仁与读者批评指正。

作　者

2017年11月

目　录

第一章 绪论

麦垛山井田交通十分便利，临近307国道、银青高速公路，距银川市约70km，灵武市以东约55km。井田内地形为低缓丘陵，区内地势较为平坦。麦垛山矿井是宁东能源化工基地开发建设的主要供煤矿井。全书主要以麦垛山煤矿为研究对象，在本章中对研究区麦垛山煤矿的位置、交通与自然地理概况做了详细介绍。

第一节 研究区位置与交通

一、麦垛山矿井概况

麦垛山煤矿隶属于神华宁夏煤业集团有限责任公司，是宁东能源化工基地开发建设的主要供煤矿井，也是神华宁夏煤业集团公司规划建设的五个千万吨矿井之一，位于宁东煤炭基地鸳鸯湖矿区南部。

麦垛山煤矿于2007年10月开工建设，首采工作面为130602工作面，主采6煤，走向长3980m，倾向长260m，目前麦垛山煤矿处于基建阶段，以巷道掘进工程为主。煤炭总储量19.8亿t，可采储量11.4亿t，矿井设计生产规模为8.00Mt/a，服务年限为102a。主要可采煤层3层，分别为2、6和18煤，煤层厚度分别为2.88m、2.63m和5.5m。

设计采用主斜井-副立井、单水平开拓方式，主水平标高+868m。根据井田内煤层赋存特点，全井田划分为两个分区开采，一分区为9勘探线以南区域；二分区为9勘探线以北区域，在一分区设辅助水平，水平标高+1013m。

二、位置与交通

麦垛山井田位于宁夏回族自治区中东部地区，行政区划隶属灵武市宁东镇和马家滩镇管辖，北西距银川市约70km，灵武市东南约55km处，地理极值坐标为东经106°39′18″至106°46′38″，北纬37°46′34″至37°54′33″，井田范围拐点坐标如表1-1所示。

井田范围：宁夏回族自治区煤炭国家规划矿区鸳鸯湖矿区麦垛山井田拟设置采矿权范围，由给定的26个拐点坐标圈定，如表1-1所示。北以杨家窑正断层为界，南以第32勘探线（地震MD12线）为界；西以于家梁逆断层为界，东以红柳井田西部边界（重合）为界，整个井田呈北西—南东向条带状展布，南北长约14km，东西宽约4.5km，勘探区面积约65km²。

本区公路交通方便，经过多年建设已形成较为完善的公路网。北约29km有国道主干线银（川）—青（岛）高速公路（G20）及国道307线东西向通过；井田内有磁窑堡—马家滩三级公路南北向通过，从马家滩向南接于盐兴一级公路，向西与211国道相接；矿区内的鸳（鸯湖）—冯（记沟）一级公路可直接通往井田。区内公路网南北交错，向西经灵武市、吴忠市可接于国道109线和包兰铁路，向东经盐池县可达延安、太原等地。

表1-1 麦垛山井田国家规划拟设置采矿权范围坐标一览表

点号	1954北京坐标系3°带坐标		1980西安坐标系3°带坐标	
	X/m	Y/m	X/m	Y/m
1	4198285.675	36385120.764	4198233.630	36385042.641
2	4196967.992	36383657.709	4196915.930	36383579.581
3	4195121.614	36381672.254	4195069.530	36381594.121
4	4194326.699	36382017.518	4194274.610	36381939.391
5	4193488.052	36382582.180	4193435.960	36382504.061
6	4192886.834	36383039.654	4192834.740	36382961.541
7	4191696.210	36383639.344	4191644.110	36383561.241
8	4190345.917	36384260.313	4190293.810	36384182.221
9	4189297.922	36384869.194	4189245.810	36384791.111

点号	1954北京坐标系3°带坐标		1980西安坐标系3°带坐标	
	X /m	Y /m	X /m	Y /m
10	4187693.038	36385972.958	4187640.920	36385894.891
11	4185765.316	36387167.261	4185713.190	36387089.211
12	4185068.059	36387643.724	4185015.930	36387565.681
13	4184620.580	36388030.689	4184568.450	36387952.651
14	4184166.052	36388491.203	4184113.920	36388413.171
15	4183477.005	36388905.467	4183424.870	36388827.441
16	4185755.976	36392298.878	4185703.874	36392220.866
17	4186525.522	36392117.318	4186473.425	36392039.301
18	4187043.809	36391783.983	4186991.714	36391705.961
19	4187534.139	36391281.189	4187482.045	36391203.161
20	4188105.760	36390876.455	4188053.668	36390798.421
21	4189384.058	36389951.287	4189331.971	36389873.241
22	4190923.002	36389237.310	4190870.923	36389159.251
23	4192300.654	36388727.630	4192248.582	36388649.561
24	4193707.983	36388128.061	4193655.919	36388049.981
25	4196287.374	36386417.525	4196235.320	36386339.421
26	4198262.884	36385136.224	4198210.839	36385058.101

　　包（头）—兰（州）国铁干线于矿区西约85km处南北向通过，与包兰铁路接轨于大坝车站的大（坝）—古（窑子）铁路专用线已延伸至古窑子车站，从古窑子车站通往灵新煤矿和羊场湾煤矿的铁路支线已建成通车。另外，太（原）—中（卫）铁路从井田南36km通过。本区铁路网完善，煤炭外运有充分保障，如图1-1所示。

　　井田距离银川河东机场约40km，可从银（川）—青（岛）高速公路（G20）直达机场，目前银川河东机场共有29家航空公司开通直达全国74个城市的89条航线，可起降大型客机，航空运输快捷方便。

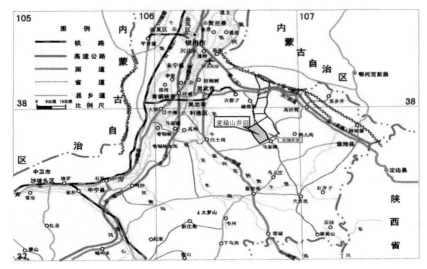

图1-1　麦垛山井田交通位置图

第二节　研究区自然地理概况

该研究区地理位置在前文中已经有所介绍，本节中主要针对麦垛山煤矿的自然地理环境做简单的介绍。

一、地形地貌

（一）区域地形地貌

本区位处鄂尔多斯盆地的中西部，即鄂尔多斯高原的西侧，南北东三面均为一级地表水分水岭，内部分布有二级地表水分水岭。东邻广阔的毛乌素沙漠，属典型的高原沙漠地貌景观。地表一般未见基岩出露，大部分被风积沙所覆盖，植被稀少，为半沙漠地区。从区域总体来讲，地势是南、北、东三面高，中西部低。海拔标高1050～1650m，相对高差约600m，地形起伏不平，较为复杂。

（二）井田地形地貌

在区域一级地表水分水岭的控制下，井田的西侧分布有二级地表水分水岭。

地势表现为西北高、东南低，最高海拔1552m，最低海拔1345m，相对高差207m，平均海拔高度为1400m左右。地表多被沙丘掩盖，西北部沙丘多被侵蚀切割成塆、梁、峁地形，冲沟也较发育，东南部地形则相对平缓。

二、气象

区内属半干旱半沙漠大陆性气候。具有冬季寒冷、夏季炎热、昼夜温差较大的特点。据灵武市气象站资料（1990～2005年），降水多集中于7月、8月、9月三个月，年最大降水量322.4mm（1992年），年最小降水量116.9mm（1997年）；年最大蒸发量1922.5mm（1999年），年最小蒸发量1601.1mm（1990年）；年平均气温9.4℃，年最低气温-25.0℃；最大冻土深度0.72m，最小冻土深度0.42m；相对湿度7.6%～8.8%；全年无霜期短，冰冻期自当年10月至翌年3月。

三、水文

井田内无常年性地表水径流，仅在沟谷一带雨季可汇集间歇性的地表水流，但在短时内沿沟谷排泄或渗入地下消耗殆尽。

四、地震

井田位于鄂尔多斯盆地西缘褶皱冲断带中部，属吴忠地震活动带，根据《宁夏地震烈度区划图》，勘查区地震烈度为Ⅶ度，地震动峰值加速度在0.15g（灵武气象站）。地震震中多分布在黄河沿岸，1010～1991年间发生大地震11次，震级4.9～5.5级之间，近期弱震时有发生。地震活动在空间上以吴忠、灵武两地相互转移，呈一密集的地震分布。近期与历史上的地震活动位置比较接近，反映了构造活动至今仍在持续进行。

五、矿井周边及小窑情况

　　麦垛山井田位于鸳鸯湖矿区南部，东与红柳井田相邻，北与已投产的羊场湾井田和石槽村井田相接，东部为广袤的毛乌素沙漠，南至马家滩镇驻地，麦垛山井田四邻关系如图1-2所示。井田内无生产矿井及小窑。

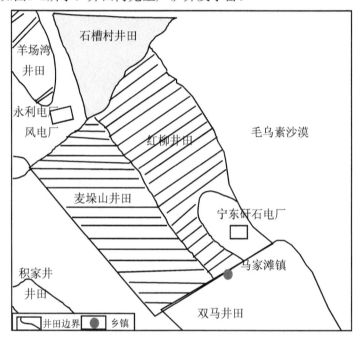

图1-2　麦垛山井田四邻关系图

第二章 地下水基本知识概述

地下水（ground water），是指赋存于地面以下岩石空隙中的水，狭义上是指地下水面以下饱和含水层中的水。在国家标准《水文地质术语》（GB/T 14157-93）中，地下水是指埋藏在地表以下各种形式的重力水。矿井建设、生产过程中流入井下空间的井矿水、地下水、地表水都是影响煤矿建设、生产的地质因素，它们均为煤矿开采技术条件的重要组成部分。

第一节 自然界中的水循环

地球上的水能以气态、液态和固态形式存在于大气圈、水圈和岩石圈中，各相应圈层中的水分别称为大气水、地表水和地下水。它们之间有着密切的联系，通过水循环相互转化和迁移。水的循环可分为大循环和小循环两种，如图2-1所示。

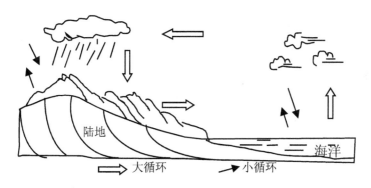

陆地

海洋

大循环   小循环

图2-1 自然界中水的循环

水的大循环，是从海洋蒸发的水分凝结降落到陆地，再通过径流形式返回到海洋。

水的小循环，是从海洋（或陆地）蒸发的水分再降落到海洋（或陆地）。

自然界中的水在循环过程中保持均衡，自然界水均衡情况如表2-1所示。

表2-1 自然界中水均衡情况

区 域	面积/km²	水均衡要素	水的体积/m³	水层厚度/mm
海洋	360×106	降水	412×103	1140
		蒸发	448×103	1200
		河流流入量	36×103	100
陆地外流区	117×106	降水	99.3×103	860
		蒸发	63.0×103	540
		河流流入量	36.3×103	310
陆地内流区	33×106	降水	7.7×103	240
		蒸发	7.7×103	240
整个地球	510×106	降水或蒸发	518.6×103	1017

海洋表面的蒸发，是大陆上大气降水的主要来源，但陆地上河、湖表面，地表及植物叶面的蒸发，同样是大陆范围内大气降水的来源。后者对距海洋远的干旱、半干旱地区尤其具有重大意义。因此，一个地区降水量的多少，既取决于大循环的频率和数量，又取决于小循环的频率和数量。所以，在干旱和半干旱地区采取大修运河和水库、大面积植树造林等一系列措施，人为地加强小循环，也可以有效地改善当地的自然环境。地下水的补给水源归根结底是大气降水，所以，一般来讲降水量大的地区，地下水较为丰富，矿井水害也表现得较为严重。

第二节 地下水的赋存

一、包气带与饱水带

地表以下一定深度，岩石中的空隙被重力水所充满，形成地下水面。地下水面以上称为包气带，地下水面以下称为饱水带，如图2-2所示。

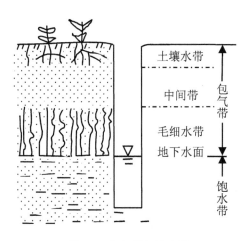

图2-2　包气带与饱水带

在包气带中，空隙壁面吸附有结合水，细小空隙中含有毛细水，未被液态水占据的空隙中包含空气及气态水，空隙中的水超过吸附力和毛细力所能支持的量时，空隙中的水便以过路重力水的形式向下运动。上述以各种形式存在于包气带中的水统称为包气带水。

包气带自上而下可分为土壤水带、中间带和毛细水带，如图2-2所示。包气带顶部植物根系发育与微生物活动的带为土壤层，其中含有土壤水。土壤富含有机质，具有团粒结构，能以毛细水形式大量保持水分。包气带底部由地下水面支持的毛细水构成毛细水带，毛细水带的高度与岩性有关，毛细水带的下部也是饱水的，但因受毛细负压的作用，压强小于大气压强，故毛细饱水带的水不能进入井中。当包气带厚度较大时，在土壤水带与毛细水带之间还存在中间带。若中间带由粗细不同的岩性构成时，在细粒层中可含有成层的悬挂毛细水。细粒层之上局部还可滞留重力水。

包气带水来源于大气降水的入渗、地表水体的渗漏、由地下水面通过毛细上升输送的水以及地下水蒸发形成的气态水。包气带水的赋存与运移受毛细力与重力的共同影响。重力使水分下移；毛细力则将水分输向空隙细小与含水量较低的部位，在蒸发影响下，毛细力常常将水分由包气带下部输向上部。在雨季，包气带水以下渗为主；雨后，浅表的包气带水以蒸发与植物蒸腾形式向大气圈排泄，一定深度以下的包气带水则继续下渗补给饱水带。

包气带的含水量及其水盐运动受气象因素影响极为显著。另外，天然以及人工植被也对其起很大作用。人类生活与生产对包气带水质的影响已经愈来愈强烈。

包气带又是饱水带与大气圈、地表水圈联系必经的通道。饱水带通过包气带获得大气降水和地表水的补给，又通过包气带蒸发与蒸腾排泄到大气圈。因此，研究包气带水盐的形成及其运动规律对阐明饱水带水的形成具有重要意义。

饱水带岩石空隙全部被液态水所充满。饱水带中的水体是连续分布的，能够传递静水压力，在水头差的作用下，可以发生连续运动。饱水带中的重力水是开发利用或排除的主要对象。

二、含水层、隔水层与弱透水层

人们把能够透过并给出一定水量的岩层称含水层，把不能透过和给出一定水量的岩层称隔水层。含水层的富水性有强弱之分。含水丰富的含水层，称为强含水层；含水性较差的含水层，称为弱含水层。含水层的出水能力称为富水性，一般以规定某一口径井孔的最大涌水量来表示，如表2-2所示。

表2-2 含水层富水性的划分

含水层富水性等级	钻孔单位涌水量 q/（L/（s•m））
富水性极弱的	<0.01
弱富水性	0.01~0.1
中等富水性	0.1~1.0
强富水性	1.0~5.0
极强富水性	>5.0

含水层与隔水层的划分是相对的，它们之间并没有绝对的界线，在一定条件下两者可以相互转化。从广义上说，自然界没有绝对不含水的岩层。

某些岩层，尤其是沉积岩，由于不同岩性层的互层，有的层次发育裂隙或溶穴，有的层次致密，因而在垂直层面的方向上隔水，但在顺层的方向上都是透水的。例如，薄层页岩和石灰互层时，页岩中裂隙接近闭合，灰岩中裂隙与溶穴发育，便成为典型的顺层透水而垂直层面隔水的岩层。

三、地下水分类

（一）概述

地下水这一名词有广义与狭义之分。广义的地下水是指赋存于地面以下岩土空隙中的水，包气带及饱水带中所有含于岩石空隙中的水均属之；狭义的地下水仅指赋存于饱水带岩土空隙中的水。

长期以来，水文地质学着重于研究饱水带岩土空隙中的重力水。随着学科的发展，人们认识到饱水带水与包气带水有着不可分割的联系，不研究包气带水，许多重大的水文地质问题是无法解决的。

有些水文地质学家注意到，地球深部层圈中的水与地壳表层中的水是有联系的，他们把视野从地壳浅部的水扩展到地球深层圈中的水，并且认为，将水文地质学理解为研究地下水的科学是过于狭窄了，应该把它看作研究地下水圈的科学。这种看法不无道理，但是，鉴于目前对地球深层圈水的情况所知甚少，因此，下述的地下水分类还只是对地壳浅层地下水分类。

地下水的赋存特征对其水量、水质时空分布有决定意义，其中最重要的是埋藏条件与含水介质类型。

表2-3 地下水分类表

埋藏条件	含水介质条件		
	孔隙水	裂隙水	岩溶水
包气带水	局部黏性土隔水层上季节性存在的重力水（上层滞水）过路及悬留毛细水及重力水	裂隙岩层浅部季节性存在的重力水及毛细水	裸露岩溶化岩层上部岩溶通道中季节性存在的重力水
潜水	各类松散沉积物浅部的水	裸露于地表的各类裂隙岩层中的水	裸露于地表的岩溶化岩层中的水
承压水	山间盆地及平原松散沉积物深部的水	组成构造盆地、向斜构造或单斜断块的被掩覆的各类裂隙岩层中的水	组成构造盆地、向斜构造或单斜断块的被掩覆的岩溶化岩层中的水

所谓地下水的埋藏条件，是指含水岩层在地质剖面中所处的部位及受隔水层（弱透水层）限制的情况。据此可将地下水分为包气带水、潜水及承压水。按含水介质（空隙）类型，可将地下水区分为孔隙水、裂隙水及岩溶水，如表2-3、图2-4所示。

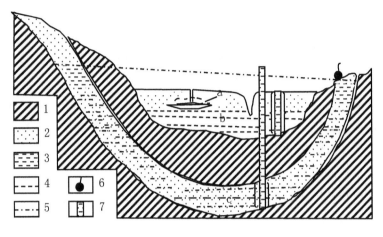

图2-4 潜水、承压水及上层滞水

1.隔水层；2.透水层；3.饱水部分；4.潜水位；5.承压水测压水位；6.泉（上升泉）；

7.水井，实线表示井壁不进水；a.上层滞水；b.潜水；c.承压水

应用上述分类分析问题时必须注意：任何分类都不可能不带有某些人为性，因而不可能完全概括纷繁复杂的自然现象。试图将一切客观事物套到简单的分类中去，是不可取的。

（二）按埋藏条件分类

1.潜水

饱水带中第一个具有自由表面的含水层中的水称作潜水。潜水没有隔水顶板，或只有局部的隔水顶板。潜水的表面为自由水面，称作潜水面；从潜水面到隔水底板的距离为潜水含水层的厚度。潜水面到地面的距离为潜水埋藏深度。潜水含水层厚度与潜水面潜藏深度随潜水面的升降而发生相应的变化，如图2-5所示。

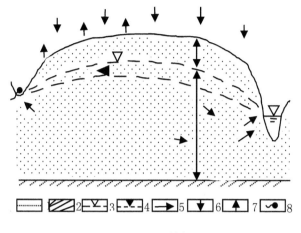

图2-5 潜水

1. 含水层；2. 隔水层；3. 高水位期潜水面；4. 低水位期潜水面；

5. 大气降水入渗；6. 蒸发；7. 潜水流向；8. 泉

　　由于潜水含水层上面不存在完整的隔水或弱透水顶板，与包气带直接连通，因而在潜水的全部分布范围都可以通过包气带接受大气降水、地表水的补给。潜水在重力作用下由水位高的地方向水位低的地方径流。潜水的排泄，除了流入其他含水层以外，泄入大气圈与地表水圈的方式有两类：一类是径流到地形低洼处，以泉、泄流等形式向地表或地表水体排泄，这就是径流排泄；另一类是通过土面蒸发或植物蒸腾的形式进入大气，这便是蒸发排泄。

　　潜水与大气圈及地表水圈联系密切，气象、水文因素的变动，对它影响显著。丰水季节或年份，潜水接受的补给量大于排泄量，潜水面上升，含水层厚度增大，埋藏深度变小。干旱季节排泄量大于补给量，潜水面下降，含水层厚度变小，埋藏深度变大。潜水的动态有明显的季节变化特点。

　　潜水积极参与水循环，资源易于补充恢复，但受气候影响，且含水层厚度一般比较有限，其资源通常缺乏多年调节性。

　　潜水的水质主要取决于气候、地形及岩性条件。湿润气候及地形切割强烈的地区，有利于潜水的径流排泄，往往形成含盐量不高的淡水。干旱气候下由细颗粒组成的盆地平原，潜水以蒸发排泄为主，常形成含盐高的咸水。潜水容易受到污染，对潜水水源应注意卫生防护。

综上所述，潜水的基本特点是与大气圈、地表水圈联系密切，积极参与水循环；决定这一特点的根本原因是其埋藏特征——位置浅且上面没有连续的隔水层。同时，潜水被人们广泛利用，一般的水井多半打在潜水含水层中。对采矿工作来说，潜水对建井及露天开采的影响较大，对地下开采的影响较小。

2.承压水

承压水是指充满于上、下两个稳定隔水层之间含水层中的重力水，如图2-6所示。其补给区与分布区不一致，受大气降水的影响较小，不易受污染。由于承压水充满于两个隔水层之间，其隔水顶板承受静水压力。当地形适宜时经钻孔揭露承压含水层后，水可以喷出地表形成自喷，因此亦称为自流水。

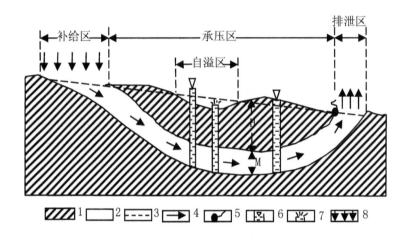

图2-6　基岩自流盆地中的承压水

1.隔水层；2.含水层；3.潜水位及承压水测压水位；4.地下水流向；5.泉；

6.钻孔，虚线为进水部分；7.自喷井；8.大气降水补给；H.承压高度；M.含水层厚度

形成自流水的向斜构造，称为自流盆地。自流盆地按其水文地质特征分为补给区、承压区和排泄区三部分。在补给区由于上面没有隔水层存在，具有潜水性质，直接接受大气降水或地表水补给。含水层上部具有隔水层的地段称为承压区，地下水承受静水压力。当钻孔打穿顶板隔水层底面后，自流水便涌入钻孔内，并沿着钻孔上升到一定高度后，趋于稳定不再上升，此时的水面高度称为静止水位或测压水位。从静止水位到顶板隔水层底面的垂直距离称为承压水头，两隔水层之间的垂直距离为含水层厚度。在盆地一端地形较低的地段内，自流水通

过泉水等形式排出，称为排泄区。

适宜于储存自流水的单斜构造，称为自流斜地。自流斜地通常是因含水层岩变化或尖灭以及含水层被断层错开或被岩浆侵入体阻挡而形成，如图2-7所示。当地下水未充满两个隔水层之间时，称为无压层间水，其特征除具有自由水面而不承压外，基本上与承压水相同。自流水是很好的供水水源，但对矿井来说，地下水量过大，就会使大量地下水流入井下甚至造成淹井事故，必须引起高度重视。

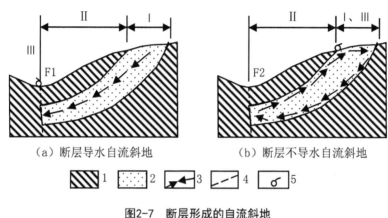

（a）断层导水自流斜地　　　　　　（b）断层不导水自流斜地

图2-7　断层形成的自流斜地

Ⅰ.补给区；Ⅱ.承压区；Ⅲ.排泄区；

1.隔水层；2.含水层；3.地下水流向；4.断层（F1为导水断层，F2为不导水断层）；5.泉

3. 上层滞水

当包气带存在局部隔水层（弱透水层）时，局部隔水层（弱透水层）上会积聚具有自由水面的重力水，这便是上层滞水。上层滞水分布最接近地表，接受大气降水的补给，通过蒸发或向隔水底板（弱透水层底板）的边缘下渗排泄。雨季获得补充，积存一定水量；旱季水量逐渐耗失。当分布范围小且补给不很经常时，不能终年保持有水。由于其水量小，动态变化显著，只有在缺水地区才能成为小型供水水源或暂时性供水水源。包气带中的上层滞水，对其下部的潜水的补给与蒸发排泄，起到一定的滞后调节作用。上层滞水极易受污染，利用其作为饮用水源时要格外注意卫生防护。同时，上层滞水的水量有限，季节性明显，仅能作为小型或临时性供水水源，一般对矿井的生产影响不大。

（三）按含水层性质分类

1.孔隙水

存在于疏松岩层的孔隙中的水，称为孔隙水。孔隙水的存在条件和特征取决于岩石孔隙的发育情况，因为岩石孔隙的大小，不仅关系到岩石透水性的好坏，而且也直接影响到岩石中地下水量的多少、地下水在岩石中的运动条件和水质。

岩石的孔隙情况与岩石颗粒的大小、形状、均匀程度及排列情况有关。如果岩石颗粒大而且均匀，则含水层孔隙大、透水性好、地下水水量大、运动快、水质好；相反，则含水层孔隙小、透水性差、水量小、运动慢、水质也差。

2.裂隙水

由于埋藏条件不同，孔隙水可形成上层滞水、潜水和承压水。孔隙水对采矿的影响主要取决于孔隙含水层的厚度、岩石颗粒大小及其与矿层的相互关系。一般来说，岩石颗粒大而均匀，地下水运动快、水量大，在建井时需要加大排水能力才能穿过；而颗粒细又均匀的砂层，容易形成流沙，如果处理不当，可使井筒报废。在急倾斜煤层条件下，在煤层浅部开采时，岩层垮落向上抽冒，常常波及富水很强的砾岩含水层，这时将有大量孔隙水和松散沉积物涌入井下，造成突水事故，如图2-8所示。

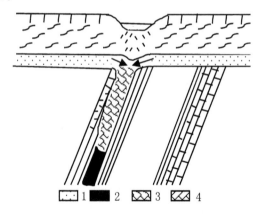

图2-8 孔隙水对采煤影响示意图

1.砾石含水层；2.煤层；3.崩落岩石；4.岩石裂隙

存在于岩石裂隙中的地下水称为裂隙水。裂隙性质和发育程度的不同，决定了裂隙水的赋存和运动条件的差异。所以，裂隙水的特征主要取决于裂隙的性质。裂隙的成因很多，如风化裂隙、成岩裂隙和构造裂隙。对采矿来说，影响较大的是构造裂隙。在一般情况下，脆性岩石（如砂岩、石灰岩）的构造裂隙远比柔性岩石（如页岩、泥岩）发育。因此，当砂岩和页岩相间分布时，砂岩往往形成裂隙含水层，而页岩则为隔水层。砂岩裂隙含水层的裂隙分布均匀，但其延伸长度和宽度有限，水量较小，对采矿的影响较小，往往不是主要的含水层。

断层裂隙水有其自身的特点。断层通过脆性岩石时，常在破碎带内形成断层角砾岩，往往裂隙发育，有利于地下水的贮存和运动。这类断层有时与强含水层连通，巷道一旦揭露容易造成突水事故。因此，裂隙水的静储量有限，但其动储量大，往往沟通其他含水层，使矿山水文地质条件复杂化。

3.岩溶水

岩溶是发育在可溶性岩石地区的一系列独特的地质作用和现象的总称，又称为喀斯特。

这种地质作用包括地下水的溶蚀作用和冲蚀作用。产生的地质现象就是由这两种作用所形成的各种溶隙、溶洞和溶蚀地形。埋藏于溶洞、溶隙中的重力水，称为岩溶水。

岩溶的发育特点决定了岩溶水的特征。其主要特点是：水量大、运动快、在垂直和水平方向上都分布不均匀。溶洞、溶隙较其他岩石中的孔隙、裂隙要大得多，降水易渗入，几乎能全部渗入地下。溶洞不但迅速接受降水渗入，而且水在溶洞或暗河中流动很快，年水位差可达数十米；岩溶水埋藏很深，在高峻的山区常缺少地下水露头，甚至地表也没有水，造成缺水现象。大量岩溶水都以地下径流的形式流向低处，在沟谷或与岩溶化岩层接触处，以群泉的形式出露地表。岩溶水的水量大、水质好，可作为大型供水水源，但岩溶水对采矿会构成严重威胁，尤其是岩溶层厚度巨大时，如我国华北的奥陶纪灰岩水、华南长兴组及茅口组灰岩水多是造成煤矿矿井重大水患的水源。

四、影响地下水形成的自然地理因素

（一）气象因素

气象因素是表征大气所处物理状态的因素。

在气象诸要素中，降水与蒸发对地下水形成的影响最大。

大气降水下渗是地下水的主要来源；蒸发是地下水排泄的重要途径。降水是指由大气中水汽凝结并降落到地表或植被表面的一切液态水及固态水。如雨、雪、雹、雾、露、霜等。

大气降水有以下两种形式：①低层降水，由水汽直接凝结在地面、地表物体表面及植被表面上而形成的液态水或固态水。如雾、露、霜等。低层降水一般对地下水补给意义不大，但在干旱沙漠地区有一定意义。②高层降水，高空水汽遇冷凝结降落在地表的降水，如雨、雪、雹等。

各降水形式中，以雨、雪对地下水形成意义最大。

大气降水的数量是由降水量来衡量，一般用雨量计进行测量。将测量得到的体积值换算成单位面积的水层厚度（高度）用 mm 表示。对雪（固态）来说，则以收集在雨量计中的雪融化后得到的水层厚度（ram）表示。某地区某一时期降水的厚度，即表示该时期的降水量，根据降水量可将降雨分为小雨、中雨、大雨、暴雨、大暴雨、特大暴雨等六个等级。单位时间内的降水量称为降水强度，根据降水强度可将降雨分为淫雨、细雨、暴雨三个降雨类型。

降水对地下水的补给与降水性质（如降水强度、降水持续性）有关。当降水强度小于岩石当地当时最大吸收强度（单位面积、单位时间的吸水量）时，降水全部被岩石吸收渗入地下。在这种情况下，随着降水强度的增加，渗入量也相应增加。只有当降水强度超过当地当时的最大吸收强度，超过部分，才形成地表径流。因此，降水历时短的暴雨不利于地下水的补给，大部分形成了地表径流。

降水的持续性是指降水连续的时间。我国的降水主要随着季风而来，不但降水量南、北方相差悬殊，随着空间的变化很大、分布不均，而且降雨时间多集中于某些月份，形成明显的湿、干季节。如我国南方的黄梅雨，阴雨天可持续数十天，因此降水下渗比例大，那时常成为一个地下水位较高的时期。如果降水强度太小，持续时间又短，则降水基本上被蒸发。

因此，在各降雨类型中，淫雨的强度不大，但延续时间很长，分布面积很广，对地下水补给有很大意义，尤其是地表为透水层时，水分渗入地下更多。细雨的雨滴小，雨量小，易被蒸发，对地下水补给意义不大。暴雨降水量大，但一般时间短，大部分来不及渗入地下，而被消耗在地表径流中。

雪是固态的降水，融化后也能补给地下水。

降水在水文地质学中的意义在于它直接影响到地下水的形成，是地下水的补给来源，有时甚至是唯一的补给来源。此外，降水量的大小还能影响地下水的水质和水量。我国由于幅员辽阔，各地降水量极不相等，大致概括为沿海多，内陆少，南方多，北方少，山区多，平原少。从时间上看，主要集中于夏季，一般在六、七、八月份最多。东北及西北地区的冬季主要是固态降水，只有在次年三、四月份融化后才能补给地下水。蒸发，是指在太阳能的作用下，水由液态转化为气态进入大气中的过程。蒸发作用包括陆面蒸发、水面蒸发和叶面蒸发。其中陆面蒸发对地下水有着很大的意义，因为陆面蒸发会消耗地下水水量，影响地下水水质。

蒸发之所以对自然界的水循环起着很大的作用，是因为蒸发和降水这一对矛盾的斗争，促使水不断的转化，促使着地下水的形成和发展。某一地区蒸发能力强，蒸发的水量就多，相对地降水渗入地下的水量减少。在一定条件下，蒸发也是地下水排泄的一种重要途径，蒸发不仅消耗地下水储量，而且影响地下水水质。

衡量蒸发的数量指标是蒸发量。通常用一定时间单位面积上所蒸发的水层厚度（ram）来表示。应当指出，在各地气象站搜集到的蒸发资料，为水面蒸发量，仅表示某一时期从某地蒸发的相对强度，故名为蒸发度。但是，大部分陆地表面并非水体。因此，一个地区的真正蒸发量必然远较水面蒸发量值（蒸发度）小。

蒸发的速度和数量取决于许多因素（气温、气压、湿度、风速等），其中主要决定于空气的温度和湿度。

空气中水汽的最大含量（饱和含量）是随温度变化而变化的，温度升高，饱和含量也就愈大。空气中的水汽含量（绝对湿度）愈接近于饱和含量，则其潮湿程度愈大，空气中绝对湿度的大小只能表明空气中所含水汽的多少，却不能表明空气中的干燥或潮湿，相对湿度则能直接表示空气的潮湿程度，当相对湿度达到100％时，表明水汽完全饱和，水汽可以凝结形成降水，相对湿度的变化与温度成反比。湿度差的大小，对于蒸发作用有很大影响，湿度差愈大，蒸发作用的强度和速度也愈大。空气的湿度对于地下水的形成有很大影响，当空气中湿度大时，蒸发就少，有利于地下水的形成和积聚。

（二）水文因素

水文因素是指反映地表水流特征的因素。大气降水一部分重新蒸发，另外一部分渗入地下补给地下水，剩余一部分是顺着地表流动，形成地表水，即构成了地表径流。

几乎所有的河流都与地下水有密切的联系。河流上游，地形切割强烈，两岸地下水补给河流，当河流流经透水岩层，而且地下水水面埋藏较深时，必然有河水的下渗。当流经岩溶发育的地区时河流时而补给地下水，时而排泄地下水，水交替非常迅速，但总的趋势是排泄地下水。到河流下游，它往往成为地下水的主要补给来源。尤其是流经矿区的河流，由于井下采矿和排水，不仅改变了地质条件，也改变了水动力条件，往往导致岩层开裂，地面沉陷，极其有利于河水的下渗。因此，河流对地下水的形成起着重要作用。所以在研究地下水时要同时研究地表水的特征。

1.河流的特征

（1）河系：所谓河系是指汇集于某一干流的全部河流的总称，它包括一条干流和数条汇于这个干流的支流。汇入干流的称一级支流，汇入一级支流的称二级支流，以此类推。

（2）流域：两相邻水系或相邻河流之间的高地，为分水岭。分水岭中最高点的连线则为分水线，而流域指分水线或分水岭以内河系集水面积的范围，在该范围内的全部降水都顺着地表，由高到低，前后汇注于该河系之中。事实上不仅每一河系都有自己的流域，就是河流的任一支流和河段也有其相应的流域。

（3）河流的补给类型：河流是由地表水和地下水补给的，但不同地区河水的补给形式都不一样，与一个地区的气候、地形、地质、水文地质条件有关。由地表水补给的河流又可分为雨水补给、雪水补给、冰水补给和混合补给几种类型。雨水补给的河流是在潮湿温暖的气候地区，其特点为雨季山洪暴发，河水陡涨，雨后水位下跌，水流变小。雪水补给的河流主要是在寒冷地区，冬季积聚冰雪，春季融化后补给河流，这类河流一般春季水量最大。冰水补给的河流分布于高山地区及其边缘地带，河水由冰川融化的水补给，这种补给主要发生在夏季，因此夏季河流水量最大。

地下水的补给虽然对大多数河系有着很大的意义，但从时间上来看，只是在冬季和长期不降水的时期，河流才是以地下水补给为主。至于暴雨或春洪时期，河流仍以地表水补给为主。

我国主要河系，如长江、黄河等，都属于混合补给类型，一般上游为融雪或冰水补给，中下游为降水补给。有时同一条河流在不同季节，补给来源有所不同，例如春季为融雪补给为主，夏季为降雨补给为主，冬季则为地下水补给为主，这就是为什么大河能够经常保持很大水量的原因。

2. 径流及影响径流的因素

径流是指一个流域内的降水除去消耗于蒸发以外的全部水流，径流有地表径流与地下径流之分，地表径流与地下径流的流域可一致，也可不一致。地表径流量决定于流域面积规模，地下径流量同样也决定于地表汇水流；降水充沛的地区利于形成径流。一个流域内的地表径流和地下径流的水量一般都通过河流排出，但地下径流也可以不通过河流而直接渗入地下排入海洋。地表径流和地下径流有着密切的联系，两者可以互相转化。地表水可以直接渗入补给地下水，另一些情况下，地下水也可能补给地表水。因此，研究一个地区地下水时，首先必须很好地研究地表水，以便查明它们之间的关系。但是，这种径流的转化是相当复杂的，主要是受地形、降水、植物覆盖及岩石性质等因素影响。

降水充沛的地区利于形成径流。如果岩石透水性好、植物覆盖多、地形平缓且降水为延续时间长的淫雨，不利于形成地表径流。相反，如地形陡、岩石透水性差、植物覆盖少，而且为暴雨降落时，则有利于地表径流的发育。此外，随着建设事业的发展，人为因素也会促使径流条件改变。

3. 径流的研究方法

一般指的径流是地表径流，主要是河流，所以在研究径流时，实际就是研究地表的河流。研究地表水也就是要查明地表水系的发育情况，如河网的分布、长度、密度、曲度、流域的范围。河床的宽度、形状、河流的补给来源及排泄条件（入海、入湖），以及河流的流量、水位及泥沙的含量等。其中，主要是水位和单位时间内流过河床横断面的水量称为河流的流量或径流量。

测量流量的方法很多，可根据具体情况分别采用流速仪、浮标法和堰测法等。

在实际工作中，几乎所有大、中河流的不同地段都设置有水文站或水文气象观测站，从事河流的流量、水位、流速及含沙量的测量。因此，上述资料可同水文站收集，只是在没有水文站的地区或小河及溪流方需要进行简易的流量测定工作。

河流的流量是反映径流特征最基本的要素，但是它不能和流域的概念联系起来。例如，甲河和乙河的流量相等，而流域面积甲河大于乙河三倍，那么只从流量比较并不能说明乙河的径流比甲河发育。

（三）地形与地下水

地形是影响地下水补给、径流、排泄的重要条件。

首先，地形的起伏程度和切割情况决定着降水量聚积和地表水体分布，决定了它们的渗入量大小和范围。就一个矿区来说，由四面环山所抱的洼地称为盆地。由三面环山所抱的洼地，为簸箕形洼地。此类洼地控制了降水集水面积、地表水流向和径流途径。在地形上，有利于地表水和浅层地下水的汇集，在这种情况下，集水面积越大，接受的降水补给量越大。若地形深切，沟谷纵横，河流密布，利于地表水汇集，在一定条件下，又会使地下水通畅排泄。

其次，地势和坡度。在沟谷发育的地区以及分水岭地带，地势高而陡，地面坡度很大，不利于降水和地表水的渗透作用，所以地下径流占的比例很小。山区迎风坡，由于地势高峻，迫使气流上升，遇冷而降水，这就是常说的山区迎风坡的地形降水。在山区，从山麓到山顶都可以观察到气温、降水随地形的垂直变化而不同。在丘陵和平原区，地形平缓，植被覆盖，相对来说，地表径流强度减弱，有利于降水的渗入，而地下径流也缓慢。在地下水的形成过程中，不仅受到自然地理条件的影响，也受到地质条件的严格控制。地质作用对地下水的影响，集中反映在岩石特点（主要是岩石的成分和结构）方面。

因此，我们在研究地质因素对地下水形成的影响时，也应当首先从岩石的特点出发。但是，我们决不应该孤立地去研究岩石的特点，应该看到不同岩石的特点是不同地质作用的结果。也就是说，在研究岩石特点时，绝不能忽视岩石形成的地质历史条件。地质构造对地下水的影响主要表现在构造的性质和规模上，例如，向斜盆地的构造中，分布范围很广、厚度很大的含水层，地下水的储量非常丰富，反之较小的向斜盆地或是背斜构造中地下水的储量则不丰富。此外，断层的性质对地下水存在的条件也有影响。由此可见，地质因素影响着地下水的形成和变化。

如果说自然地理因素影响着地下水的来源，则地质因素决定着地下水的赋存。

第三节　地下水物理性质与化学成分

一、地下水的物理性质

（一）温度

地下水的温度变化幅度较大，有0℃以下至100℃以上的地下水，其温度的变化与自然地理条件、地质条件、水的埋藏深度有关。通常地下水温度变化与当地气温状态相适应。位于变温带内的地下水温度呈现出周期性日变化和周期性年变化，但水温变化比气温变化幅度小，且落后于气温变化；常温带的地下水温度接近于当地年平均气温；增温带的地下水温度随深度的增加而逐渐升高，其变化规律取决于一个地区的地温梯度。不同地区地下水温度差异很大，如火山区的间歇泉水的温度可达100℃以上，而多年冻土带的地下水温度可达-50℃。

（二）颜色

地下水的颜色取决于水中化学成分及其悬浮物。地下水一般是无色的，但当其中含有某种化学成分或有悬浮杂质时，会呈现出各种不同的颜色。如含 FeO 的水呈浅蓝色；含 Fe_2O_3 的水呈褐红色；含腐殖质的水呈黄褐色。

（三）透明度

地下水的透明度取决于水中固体物质及胶体颗粒悬浮物的含量。按其透明度的好坏，地下水可分为透明的、半透明的、微透明的和不透明的。

（四）气味

洁净的地下水是无气味的。地下水是否具有气味主要取决于水中所含气体成分和有机质。如含有 H_2S 的水具有臭鸡蛋味；含有机质的水具有雨腥气等。

（五）味道

通常地下水是无味的，其味道的产生与水中含有某些盐分或气体有关。例如，含 $NaCl$ 的水具有咸味；含 Na_2SO_4 的水具有涩味；含 $MgSO_4$ 的水具有苦味；含有机质的水具有甜味；含 CO_2 的水有清爽可口之感。

（六）密度

地下水的密度取决于所溶解的盐分的多少，一般情况下，地下水的密度与化学纯水相同。当水中溶解较多的盐分时，密度增大。

二、地下水中的主要化学成分

地下水循环于岩石的空隙中，能溶解岩石中的各种成分。根据研究表明，地下水中的化学元素有几十种。通常，它们以离子状态、分子状态及游离气体状态存在。地下水中常见的离子、分子及气体成分有：

离子状态——阳离子有 Na^+、K^+、Ca^{2+}、Mg^{2+}、H^+、NH_4^+、Mn_2^+ 等；阴离子有 Cl^-、SO_2^{4+}、HCO_3^-、CO_2^{3-}、OH^-、NO_3^-、NO_2^-、SiO_2^{3-} 等。

分子状态——Fe_2O_3、Al_2O_3、H_2SO_4 等。

气体状态——N_2、O_2、CO_2、H_2S、CH_4 等。

上述成分中以 Cl^-、SO_4^{2-}、HCO_3^-、Na^+、K^+、Ca^{2+}、Mg^{2+} 等离子的分布最广，因而往往以这些成分来表示地下水的化学类型。如地下水中主要阴离子为 HCO_3^-，阳离子为 Ca^{2+}，那么地下水的化学类型就定为重碳酸钙型水；若地下水中主要阴离子为 SO_2^{4+}，阳离子为 Na^+，其化学类型就定为硫酸钠型水。

地下水所含化学成分不同，可以表现出不同的化学性质。反映地下水化学性质的指标有水的总矿化度、pH、硬度以及侵蚀性等。

（一）水的总矿化度

水的总矿化度是指单位体积水中所含有的离子、分子和各种化合物的总量，用 g/L 来表示。总矿化度表示水的矿化程度，即水中所溶解盐分的多少。矿化度直接反映地下水的循环条件，矿化度高，说明地下水的循环条件差；矿化度低，说明地下水的循环条件好。根据总矿化度，可将地下水分为5类，如表2-4所示。

表2-4　地下水按矿化度分类表

名称	矿化度/（g/L）
淡水	<1
微咸水	1～3
咸水	3～10
盐水	10～50
卤水	>50

一般情况下，随着矿化度的变化，地下水中占主要地位的离子成分也随之发生变化。低矿化度水中常以 HCO_3^-、Ca^{2+}、Mg^{2+} 为主；高矿化度水中，则以 Cl^-、Na^- 为主；中等矿化度水中，阴离子常以 SO_4^{2-} 为主，主要阳离子可以是 Ca^{2+}，也可以是 Na^+。

（二）pH

水的酸碱度通常用 pH 来表示。pH 是指水中氢离子浓度的负对数值。根据 pH，可将地下水分为5类，如表2-5所示。

表2-5　地下水按 PH 分类表

酸碱度	pH
强酸性水	<5.0
弱酸性水	5.0～6.4
中性水	6.5～8.0
弱碱性水	8.1～10.0
强碱性水	>10.0

（三）水的硬度

地下水的硬度取决于水中 Ca^{2+}、Mg^{2+} 的含量。水的硬度对评价水的工业和生活适用性极为重要。如用硬水可使锅炉产生水垢，导热性变坏甚至引起爆炸；用硬水洗衣，肥皂泡沫减少，造成浪费。水的硬度可分为总硬度、暂时硬度和永久硬度。

(1)总硬度，是指水中所含 Ca^{2-}、Mg^{2+} 的总量，它包括暂时硬度和永久硬度。

(2)暂时硬度，是指水沸腾后，由 HCO_3^- 与 Ca^{2+}、Mg^{2+} 结合生成碳酸盐沉淀出来 Ca^{2-} 和 Mg^{2+} 的含量。

(3)永久硬度，是指水沸腾后，水中残余的 Ca^{2+} 和 Mg^{2+} 的含量。在数值上等于总硬度减去暂时硬度。

通常表示硬度的单位有德国度（dH）和毫克当量每升（meq/L）。1德国度相当于1L 水中含有10mg 的 CaO 或7.2mg 的 MgO，即1L 水中含有7.2mg 的 Ca^{2+} 或4.3mg 的 Mg^{2+}。1meq/L 等于20.4mg/L 的 Ca^{2+} 或12.6mg/L 的 Mg^{2+}。1meq/L=2.8°dH。地下水的硬度分类如表2-6所示。

表2-6　地下水的硬度分类

水的类型	硬　　度			硬度（以 $CaCO_3$ 计）
	°dH	meq/L	tool/L	mg/L
极软水	<4.2	<1.5	$<7.5 \times 10^{-4}$	≤150
软水	4.2~8.4	1.5~3.0	7.5×10^{-4}~1.5×10^{-3}	≤300
微硬水	8.4~16.8	3.0~6.0	1.5×10^{-3}~3.0×10^{-3}	≤450
硬水	16.8~25.2	6.0~9.0	3.0×10^{-3}~4.5×10^{-3}	≤550
极硬水	>25.2	>9.0	$>4.5 \times 10^{-3}$	>550

（四）侵蚀性

地下水的侵蚀性取决于水中侵蚀性 CO_2 的含量。当含有侵蚀性 CO_2 的地下水与混凝土接触时，就可能溶解其中的 $CaCO_3$，从而使混凝土的结构受到破坏。其反应式如下：

$$CaCO_3 + H_2O + CO_2 \quad Ca(HCO_3)_2 \quad Ca^{2+} + 2HCO_3$$

上式的反应是可逆的。由上式可见，当水中含有一定数量的 HCO_3^- 时，就必须有一定数量的游离 CO_2 与之相平衡。当水中的游离 CO_2 与 HCO_3^- 达到平衡之后，若又有一部分 CO_2 进入水中，那么上述平衡就遭到破坏，反应式将加速向右进行，进入水中的 CO_2 其中一部分与 $CaCO_3$ 起了化学作用，而使 $CaCO_3$ 被溶解，这部分 CO_2 就称

为侵蚀性 CO_2。因此，当水中游离的 CO_2 含量超过平衡的需要时，水中就会有一定的侵蚀性 CO_2，它在地下水中的存在及含量的多少是评价地下水质所必须考虑的问题。

三、常规离子简介

（一）氯离子

Cl^- 在地下水中广泛分布，其含量随矿化度的增高而增大。

Cl^- 的来源：①含水层（介质）中的盐岩或其他氯化物的溶解；②补给区介质的溶滤；③人为污染。

（二）硫酸根离子

SO_4^{2-} 在高矿化度水中仅次于 Cl^-，低矿化度水中含量较小，中等矿化度水中 SO_4^{2-} 常为含量最高的阴离子。

SO_4^{2-} 主要来源于石膏和其他硫酸盐矿物的溶解和硫化物的氧化。煤系地层中常含有大量的黄铁矿，是地下水中 SO_4^{2-} 的重要来源。

还原环境中，SO_4^{2-} 将被还原成 H_2S 和 S，所以老塘水中 SO_4^{2-} 含量并不高。

（三）重碳酸根离子

地下水中 HCO_3^- 含量相对较低，一般不超过1000mg/L。但在低矿化度水中，HCO_3^- 几乎是主要的阴离子。HCO_3^- 主要来源于碳酸盐的溶解：

$$CaCO_3+H_2O+CO_2=2HCO_3^-+Ca^{2+}$$
$$MgCO_3+H_2O+CO_2=2HCO_2^-+Mg^{2+}$$

（四）钠离子、钾离子

Na^+、K^+ 性质相近。在低矿化度水中含量很低，通常每升含量为几十毫克，但在高矿化度水中是主要的阳离子。

Na^+、K^+主要来源于盐岩和钠、钾矿物的溶解。正长石、斜长石均是富含钾、钠的矿物，风化后形成钾、钠的可溶盐，是 Na^+、K^+的主要来源。

（五）钙离子

Ca^{2+}是低矿化度水中的主要阳离子，在高矿化度水中，含量会增加，但远低于Na^+。

Ca^{2+}主要来源于灰岩和石膏的溶解。

（六）镁离子

Mg^{2+}在低矿度水中较 Ca^{2+}少，但在高矿度水中仅次于 Na^+。

Mg^{2+}主要来源于含镁碳酸（白云岩、泥灰岩）溶解。

四、地下水化学成分的形成作用

地下水主要来自大气降水和地表水体的入渗。在进入含水层前，已经含有一些物质，在与岩土接触后，化学成分进一步演变。地下水的化学成分的形成作用主要有以下几种：

（一）溶滤作用

在水与岩土相互作用下，岩土中的一部分物质转入地下水中，称为溶滤作用。溶滤作用与矿物的溶解度（电离度）、水的温度、水的流动情况、水中已有的化学（气体）成分都有关系，从而形成不同水质类型的地下水。

（二）浓缩作用

在干旱半干旱地区，埋藏不深的地下水不断蒸发，矿化度不断升高，称为浓缩作用。浓缩作用不断发展使水中溶解度低的离子不断析出，溶解度高的离子得以保存，水质类型向 Cl-Na 型靠近。

（三）脱碳酸作用

水中的 CO_2 随着压力的降低和温度的升高，便成为游离态从水中逸出，其结果使水中的 HCO_3^-、Ca^{2+}、Mg^{2+} 减少，矿化度降低，pH 变小。

（四）脱硫酸作用

在还原环境中，当有有机物存在时，脱硫酸细菌能使 SO_4^{2-} 还原为 H_2S。其反应式如下：

$$SO_4^{2-}+2C+2H_2O=H_2S+2HCO_3^-$$

结果使水中 SO_4^{2-} 减少乃至消失，HCO_3^- 增加，pH 变大。这也是老塘水的标志之一。

（五）混合作用

成分不同的两种水混合，形成与原来两种水都不同的地下水，这就是混合作用。混合作用的结果，可能发生化学反应，如以 SO_4^{2-}、Na^+ 为主的砂岩水与 HCO_3^-、Ca^{2+} 为主的灰岩水相混合，就会发生如下反应：

$$Ca(HCO_3)_2+Na_2SO_4=CaSO_4+2NaHCO_3$$

从上式可以看出，两种不同类型的水混合后，产生了以 HCO_3^-、Na^+ 为主的地下水。这就很好地解释了一些矿区灰岩出水初期不具备灰岩水质特征的现象。

水化学形成作用还包括阳离子交替吸附作用、人类活动等。

五、水质分析成果表示法

（一）离子毫克数表示法

离子毫克数：是以离子在水中的实际重量（每升水中所含毫克）来表示水化学成分的一种方法。即1升水中所含离子毫克数，单位为 mg/L。

（二）离子毫克当量表示法

离子毫克当量数：以离子在水中的当量数来表示化学成分。

$$离子的当量 = \frac{离子量（原子量）}{离子价}$$

$$一升水中某离子的毫克当量数 = \frac{该离子的毫克数}{该离子的当量}$$

水中的阴阳离子的当量总数应该相等。全分析时允许误差不超过2%。

（三）离子毫克当量百分数表示法

离子毫克当量百分数：为了将矿化度不同的水进行比较和确定水的化学类型，通常将阴阳离子当量总数各作为100%来计算，某离子毫克当量百分数可按下式计算：

$$某阴（阳）离子毫克当量百分数（\%） = \frac{该离子的毫克数}{该离子的当量} \times 100\%$$

（四）分式表示法（库尔洛夫式）

将离子毫克当量百分数大于10％的阴、阳离子，按递减顺序排列在横线上、下方，再将总矿化度、气体成分、特殊元素列在分式前面，式末列出水温和涌水量，如下式所示：

$$Br_{0,02}H_2S_{0.10}M_{1.5}\frac{HCO_{84}^3 SO_{10}^4}{Ca_{73}Mg_{10}}t_{18}Q_{1.2}$$

（五）图形表示法

图形可以直接形象地反映出水化学特征，有利于水质类型的分析对比，在水化学研究中广泛被使用。主要有圆形图、柱状图、玫瑰花图、六边形图等。

1.圆形图

这是根据6种离子（K^+、Na^+合为一种）毫克当量百分数绘制成的圆形图。阴、阳离子各占圆的一半面积。阴离子在左，从上向下依次为 HCO_3^-、SO_4^{2-}、Cl^-；阳离子在右，从上向下依次为 Ca^{2+}、Mg^{2+}、Na^++K^+。各种离子所占扇形面积的大小表示毫克当量百分数的多少，圆的直径大小表示矿化度等级，如图2-9（a）所示。

2.柱状图

这是根据6种离子毫克当量数绘制成的柱状图（双柱）。阴、阳离子分别位于柱的左右。阴离子在左，从上向下依次为 HCO_3^-、SO_4^{2-}、Cl^-；阳离子在右，从上向下依次为 Ca^{2+}、Mg^{2+}、Na^++K^+。各种离子所占的高度表示毫克当量数的多少，如图2-9（b）所示。

3.玫瑰花图

这是根据主要阴、阳离子的毫克当量百分数绘制成的圆形图。3条直径的6个端点把圆周六等分，每个半径上自圆心到圆周绘制一种离子的毫克当量百分数分布点，连接成玫瑰花图。自上端点逆时针方向依次为 HCO_3^-、SO_4^{2-}、Cl^-、Ca^{2+}、Na^++K^+，如图2-9（c）所示。

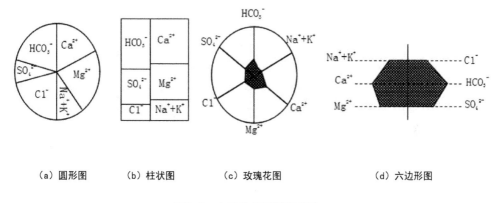

（a）圆形图　　　（b）柱状图　　　（c）玫瑰花图　　　　　（d）六边形图

图2-9　水质分析图形表示法

4.六边形图

在水文地质剖面图上，多使用这种水化学图形。它是根据6种离子毫克当量数绘制成的六边形。在垂直于竖轴的3条间距相等的横线上，用统一的比例尺表示阴、阳离子的毫克数。阴离子在右，从上向下依次为 Cl^-、HCO_3^-、SO_4^{2-}。阳离子在左，从上向下依次为 Na^++K^+、Ca^{2+}、Mg^{2+}。把6个端点连接成六边形，如图2-9（d）

所示。

（六）水质分析结果的审查

(1)为检查水质分析质量，可以将同一水样送到不同化验室做平行实验，误差不超过2%。

(2)阴离子的毫克当量总数，要与阳离子的毫克当量总数相同，误差不超过2%。

(3)硬度、碱度与离子之间的关系：$Ca^{2+}+Mg^{2+}$（meq/L）=总硬度（meq/L），误差不超过1meq。

当有永久硬度时，没有负硬度。$Cl^-+SO_4^{2-}>K^++Na^+$，暂时硬度等于重碳酸根离子含量。

当有负硬度存在时，则总硬度=暂时硬度；负硬度=总硬度-总碱度。

六、地下水化学分类与图示方法

（一）舒卡列夫分类

表2-7　舒卡列夫分类图表

超过25%毫克当量的离子	HCO_3^-	$HCO_3^-+SO_4^{2-}$	$HCO_3^-+SO_4^{2-}+Cl^-$	$HCO_3^-+Cl^-$	SO_4^{2-}	$SO_4^{2-}+Cl^-$	Cl^-
Ca^{2+}	1	8	15	22	29	36	43
$Ca^{2+}+Mg^{2+}$	2	9	16	23	30	37	44
Mg^{2+}	3	10	17	24	31	38	45
Na^++Ca^{2+}	4	11	18	25	32	39	46
$Na^++Ca^{2+}+Mg^{2+}$	5	12	19	26	33	40	47
Na^++Mg^{2+}	6	13	20	27	34	41	48
Na^+	7	14	21	28	35	42	49

苏联学者舒卡列夫的分类，如表2-7所示，是根据地下水中6种主要离子（K^+合并于Na^+中）及矿化度划分的。将含量大于25%毫克当量的阴离子和阳离子进行

组合，共分成49型水，每型以一个阿拉伯数字作为代号。按矿化度又划分为4组：A组矿化度小于1.5g/L，B组为1.5～10g/L，C组为10～40g/L，D组大于40g/L。

不同化学成分的水都可以用一个简单的符号代替，并赋以一定的成因特征。例如，1-A型即矿化度小于1.5g/L的HCO_3-Ca型水，是沉积岩地区典型的溶滤水，而49-D型则是矿化度大于40g/L的Cl-Na型水，可能是与海水及海相沉积有关的地下水或者是大陆盐化潜水。

这种分类简明易懂，在我国广泛应用。利用此图表系统整理分析资料时，从图表的左上角向右下角大体与地下水总的矿化作用过程一致。缺点是以25%毫克当量为划分水型的依据带有主观性。其次，在分类中，对大于25%毫克当量的离子未反映其大小的次序，对水质变化反映不够细致。

（二）派珀三线图解

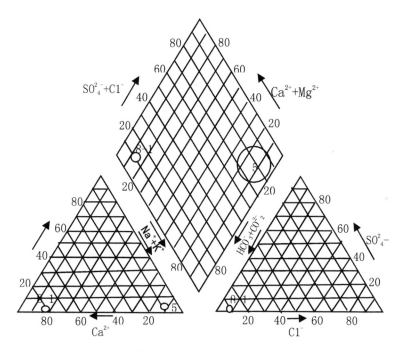

图2-10　派珀三线图解

派珀（A.M.Piper）三线图解由两个三角形和一个菱形组成，如图2-10所示，左下角三角形的三条边线分别代表阳离子中Na^++K^+、Ca^{2+}及Mg^{2+}的毫克当量百分数。

右下角三角形表示阴离子 Cl^-、SO_4^{2-} 及 HCO_3^- 的毫克当量百分数。任一水样的阴、阳离子的相对含量分别在两个三角形中以标号的圆圈表示，引线在菱形中得出的交点上以圆圈综合表示此水样的阴、阳离子相对含量，按一定比例尺画的圆圈的大小表示矿化度。

落在菱形中不同区域的水样具有不同化学特征，如图 2-11 所示。1 区碱土金属离子超过碱金善离子，2 区碱大于碱土，3 区弱酸根超过强酸根，4 区强酸大于弱酸，5 区碳酸盐硬度超过 50%，6 区非碳酸盐硬度超过 50%，7 区碱及强酸为主，8 区碱土及弱酸为主，9 区任一对阴、阳离子毫克当量百分数均不超过 50%。

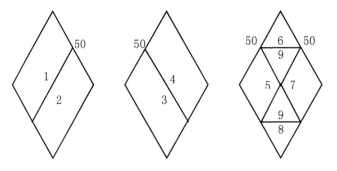

图2-11　派珀三线图解分区

这一图解的优点是不受人为影响，从菱形中可看出水样的一般化学特征，在三角形中可以看出各种离子的相对含量。将一个地区的水样标在图上，可以分析地下水化学成分的演变规律。

第三章　矿井充水条件分析

采矿过程中，一方面揭露过程破坏了含水层、隔水层和断层破碎带，另一方面会引起围岩岩层移动和地表塌陷，从而产生地下水或地表水向井筒、巷道或工作面涌水的现象，称为矿井充水。矿井充水的水源，称为充水水源。水流入矿井的通路，称为充水通道。水流入矿井涌水量的大小称为充水强度。充水水源、充水通道以及充水强度构成了煤矿床的充水条件。

第一节　充水水源

矿坑充水的水源主要有4种，即矿体及围岩空隙中的地下水、地表水、老窑（采空区）积水（简称老空水）和大气降水，前3种可称为矿坑充水的直接水源，而大气降水往往是间接水源。

一、大气降水

大气降水的渗入是很多矿井充水的经常性补给水源之一，特别是开采地形低洼且埋藏较浅的矿层，大气降水往往是矿井充水的主要来源。当在高于河谷处开采地表下的矿层时，大气降水往往是矿井充水的唯一水源。大气降水渗入量的大小，与当地的气候、地形、岩石性质、地质构造等因素有关。当大气降水成为矿井充水水源时，有以下规律：

（1）矿井充水的程度与该地区降水量的大小、降水性质和强度及延续时间有关。降水量大和长时间降水对渗入有利，因此，矿井的涌水量也大。如有些矿区雨季的矿井涌水量为旱季的数倍。

（2）矿井的涌水量随气候具有明显的季节性变化，但涌水量出现高峰的时间往往滞后，在浅部常为1~2天，随深度的增加滞后的时间会随之稍长。

（3）大气降水渗入量随开采深度的增加而减少，即在同一矿井不同的开采深度，大气降水对矿井涌水量的影响程度有很大差别。

二、地表水源

地表水源包括江河、湖海、池沼、水库等。当开采位于这些水体影响范围内的矿体时，在适当的条件下，这些水便会涌入矿坑成为矿坑充水水源。地表水能否进入井下，由一系列自然因素和人为因素决定，主要取决于巷道距水体的距离、水体与巷道之间地层及地质构造条件和所采用的开采方法。一般来说，矿体距地表水体愈近受到影响越大，充水越严重，矿井涌水量也越大。若矿坑充水水源为常年有水的地表水，则水体越大，矿坑涌水量越大，而且稳定，淹井时不易恢复；当季节性水体为充水水源时，对矿坑涌水量的影响程度则具有季节性变化。另外，地表水体所处地层的透水性强弱，直接控制矿坑涌水量的大小，地层透水性越好，则矿坑涌水量越大；反之则小。当有断裂带沟通时，则易发生灾害性的突水。同样，不适当的开采方法，也会造成人为的裂隙，从而增加沟通地表水渗入井下的通道，使矿坑涌水量增加。

三、矿体及围岩空隙中的地下水

有些矿体本身存在较大的空隙，其内充满了地下水，这些水在矿体开采时会直接流入坑道，成为矿坑充水水源。有些矿体本身并不含水，但邻近的围岩往往具有大小不等、性质不同的空隙，其中常含有地下水，当有通道与采掘空间连通时，也会成为矿井充水的水源。根据含水岩石空隙的性质，这些地下水可以是孔隙水、裂隙水或喀斯特水（岩溶水）。

1.孔隙水水源

孔隙水存在于松散岩层的孔隙内，当开采松散沉积层中的矿产或开采至迁松散沉积层矿体时，常遇到这种水源。如我国开滦煤矿区部分矿井，因受沉积层水的补给，曾发生过突水事故。

2.裂隙水水源

裂隙水存在于矿体或其围岩的裂隙中,当工作面揭露到这些含裂隙水的岩体时,这种地下水就会涌入工作面,造成矿坑充水。裂隙水水源的一般特点是:水量较小,水压较大。当裂隙水与其他水源无水力联系时,在多数情况下,涌水量会逐渐减少甚至干涸;如果裂隙水和其他水源有水力联系时,涌水量便会不停地增加甚至造成突水事故。

3.喀斯特水水源

这种水源在我国华北和华南的许多煤矿区较为常见。如华北石炭二叠纪煤系的下部为岩溶比较发育的奥陶系石灰岩,奥陶系是厚度巨大的强含水层。不少煤矿区发生的重大突水事故,其直接或间接水源就为石灰岩含水层的岩溶水。岩溶水水源突水的一般特点是:水压高、水量大、来势猛、涌水量稳定、不易疏干、危害性大。

总之,地下水往往是矿井充水最直接、最常见的水源。涌水量的大小及其变化则取决于围岩的富水性和补给条件。流入矿井的地下水通常包括静储量与动储量两部分。在开采初期或水源补给不充沛的情况下,往往是以静储量为主,随着生产的发展及长期排水和采掘范围的不断扩大,静储量会逐渐减少,动储量的比例相对增大。

四、老窑及采空区积水

古代和近期的采空区及废弃巷道,由于长期停止排水而使地下水聚集。当采掘工作面接近它们时,其内积水便会成为矿井充水的水源。这种水源涌水的特点是:水中含有大量的硫酸根离子,积水呈酸性,具有强烈的腐蚀性,对井下的设备破坏性很大。当这种水成为突水水源时,突水来势猛,易造成严重事故。当这种水与其他水源无联系时,易于疏干,若与其他水源有联系时,则可造成量大且稳定的涌水,危害性极大。

上述几种水源是矿坑水的主要来源,而在某一具体涌水事例中,常常是由某种水源起主导作用,但也可能是多种水源的混合作用。

第二节 涌水通道

矿井涌水通道是指连接充水水源与矿井之间的流水通道，很难准确认识。

一、自然通道

（一）矿井涌水通道类型

矿井涌水通道类型如表3-1所示。

表3-1 矿井涌水通道类型

类型	决定通道透水能力的因素	采掘工作面揭露时涌水特征
孔隙通道	多见于松散沉积层内，透水性取决于颗粒大小、形状、分选程度和排列方式。粗粒、均匀（分选性好）者，透水性大，反之则小	全面渗水、淋水或涌水，出水点多，水量较小，流速慢，水流喷出时压力已显著下降，降压漏斗扩展较慢；突水威胁较小
裂隙通道	主要存在于坚硬脆性岩石、风化壳、构造破碎带内，岩体透水性取决于裂隙的成因、大小、密度、充填情况及相互连通性。裂隙发育，又未充填者，透水性大	裂隙淋水、涌水、突水，对矿井充水影响见（二）；断层破碎带充水特征见（二）
溶隙通道	只存在于可溶性岩层或被可溶性物质胶结的碎屑岩中，为地下水沿裂隙、节理溶蚀扩展而成。岩体透水性取决于溶隙率及岩溶发育的均一性，就单个溶隙而言，则取决于溶隙大小、充填情况和连通性。溶隙发育且充填率低者，透水性强	涌水、突水最为常见。突水时水压大，传递快，降压漏斗扩展迅速，瞬时涌水量大，对矿井危害最严重

注：1.孔隙、裂隙、溶隙三通道可互相组合；

2.煤层长期自燃后，围岩形成的"烧变岩"裂隙属特殊类型。

（二）断裂带充水特征

1.阻水断裂带

阻水断裂带包括以下两种情况：

（1）天然状态下阻水开采后仍然隔水。其特征如下：

断层两侧多为塑性岩层组成。多属压性或压扭性断裂。少数为张性或张扭性，但断裂带充填良好，胶结致密，不透水。

（2）天然状态下阻水，开采后变为透水。其特征如下：

断层两侧为不透水的塑性岩层，但距离高压含水层较近，围岩强度较低，井巷开采后，在含水层水压和矿山压力作用下，促使围岩微裂隙扩大，或断裂带充填物被冲蚀、压出而透水。

2.透水断裂带

透水断裂带包括以下两种情况：

（1）不沟通其他水源者。其特征如下：

多属张性、张扭性断裂。断层两侧常见脆性岩层组成。断裂带本身含水，但储水量有限。井巷初次揭露可能突水，以后逐渐疏干。

（2）沟通其他水源者。其特征如下：

属张性、张扭性断裂较多，也可以是压性断裂带两侧低序次张性羽状透水断裂带，当与一侧强含水层对接或沟通上部强含水层、地表水体时，断层突水量大，水量稳定，不易疏干。

（三）陷落柱充水特征

充填不好、胶结不好或周边伴生张裂隙特别发育的陷落柱，往往构成强含水层的良好通道，系煤矿突水的重大隐患。

例如，河北省开滦范各庄煤矿就发生过世界采矿史上罕见的陷落柱透水事故。

1984年6月2日10时20分，河北开滦范各庄煤矿2171综采工作面发生了世界采矿史上罕见的陷落柱透水事故，11h内平均涌水量为123 180m³/h，仅仅20h 55min，便淹没了一个年产310×10⁴t、开采近20年的大型机械化矿井，9名工人遇难。同时以23 328m³/h的过水量溃入相邻的吕家坨煤矿，吕家坨煤矿也被迫停产。6月25日，吕家坨煤矿向林西煤矿渗水，最大渗水量为1059.6m³/h，林西煤矿被迫停产。与林西煤矿相邻的唐家庄煤矿、赵各庄煤矿因无完整的矿界隔离煤柱而被迫半停产。

此次事故使范各庄煤矿减产641.7×10⁴t，损失资产27 782万元（固定资产24 657.7万元，流动资产3124.3万元），治水费6011.58万元，矿井恢复费9195.9万元，停工费3285.86万元。另外使林西煤矿、唐家庄煤矿、赵各庄煤矿停产、半停产，减产1141.7×10⁴t。治水直接损失达4.95亿元。

2171工作面开采5煤层走向N220E，走向长1400m，倾向SE，宽140m，回风巷标高-313m，承受奥灰水压3.13MPa，运输巷标高-343m。掘进回采期间工作面总涌水量为18～24m³/h，平均日产3000t，最高日产达万吨。

1984年3月21日，在回风巷打注水防尘1号钻孔，钻至79.23m见水并有压力，81m终孔，拔出钻杆测得涌水量为12.18m³/h。4月1日至10日，施工岩₁、岩₂、岩₃顶板探水孔，终孔73.33m，水量由23.16m³/h增至35.34m³/h，水压3.21MPa。接着施工煤₁、煤₂、煤₃、煤₄孔，分别钻进50～60m，均见水终孔，其中煤₄孔涌水量为18m³/h，水色杏黄浑浊。此后，延深深岩₃孔到100m，又增打岩₅、岩₆、煤₅三孔，其中煤₅孔钻至46.49m开始见水，55.86m终孔，初始涌水量为30.12m³/h，水量不稳定，时有堵塞现象，水压为1.90～3.02MPa。4月24日，处理煤₅孔堵水，发生钻孔突水，水量为298.38m³/h。

5月20日2时，煤₅孔堵塞，该孔北8m处下帮煤层顶板喷水，南13.5m处底部涌水。6月2日10时20分，在2171工作面回风巷170m处发生突水，巨大的水柱往下帮煤壁喷出，十几分钟运输巷便被淹没。6月3日4时45分，突水点发生第二次大突水，到7时15分泵房被淹，如图3-1所示。

通过治水过程中大量钻探、物探及水文地质试验等资料证明，2171工作面透水水源通道是隐伏在采煤工作面内导水性极强的岩溶陷落柱，其总体积为86.1×104m³，其中7煤层附近大空洞体积为3.9×104m³。该陷落柱破坏了自奥灰岩至5煤层顶板约280m厚地层的完整性，并构成良好的导水通道，将奥灰高压水一直沟通到5煤层顶板砂岩含水层。据探测，坚硬的厚层砂岩段，陷落柱水平断面小于其他岩层。

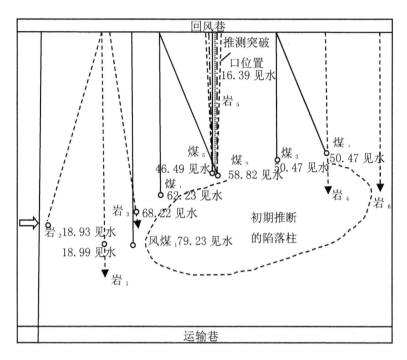

图3-1　范各庄煤矿2171工作面探水钻孔平面分布

在运用钻探、物探及水文地质试验对陷落柱水文地质结构有较清楚认识的基础上，制定了对陷落柱上部灌注骨料充填压实，中部注浆堵截通道，下部充填灌注拦截水源的"三段式"综合治水方案。经过半年多的治理，共打钻35个，总进尺17 333.3m，注入水泥37 911.98t，砂4653.37m³，石碴25 945.14m³，水玻璃3 662.95m³，计算堵水效果达99％以上。经过一段时间加固、排水，到1985年四季度部分恢复生产，出煤10×104t，同时又进一步对陷落柱加固注浆，到1986年6月7日，钻孔总进尺34 303.2m，共注水泥68 569.06t，砂6478.34m³，石碴25 945.14m³，水玻璃4220.89m³，成功地治服了这次世界罕见的特大透水灾害。

二、人为涌水通道类型

（一）未封闭或封闭质量差的钻孔

特征及对生产的影响：起沟通煤层上下含水层和地表水作用；回采揭露时涌

水，水量、水压取决于是否贯通强含水层或地表水，以及钻孔孔径和水压差。对排水能力较小的矿井可能造成淹井事故，如图3-2所示。

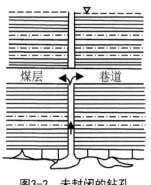

图3-2　未封闭的钻孔

底板充水矿床常因封孔质量不良，某些钻孔变成了人为导水通道，当掘进巷道或采区工作面经过没有封好的钻孔时，顶底板含水层地下水将沿着钻孔补给煤层，造成涌（突）水事故。

封闭不良钻孔是典型的由于人类活动所留下的点状垂向导水通道，该类导水通道的隐蔽性强，垂向导水通畅，一旦发生该类导水通道的突水事故，不仅初期水量大，而且还会有比较稳定的水补给量。所以在进行矿井设计和生产时，必须查清井巷揭露区或其附近地区各种钻孔的技术参数及其封孔技术资料，以确保不会因封闭不良钻孔而引发突水事故。

如开滦东风煤矿7、8、9、10煤层，第四灰岩是8煤层的直接顶板，石灰岩平均厚度4m多，裂隙发育，透水性强。

该煤矿自1960年10月在南石门打通四灰岩以后，井下涌水量骤然增加，虽然采取超前钻探放水，开凿疏水巷道等措施，但全矿总涌水量仍达855m³/h，其中第四灰岩水量达788m³/h，占全矿总涌水量的92%。排水5年多，水仍没有疏干。

通过分析，认为与旧钻孔有关。为此启封了水28号钻孔，井下涌水量立刻减少309m³/h。接着又启封水16号钻孔，井下涌水量又减少86m³/h。前后共启封18个旧钻孔之后，全矿总涌水量减少了84%。事实证明四灰水的补给来源主要是因为封闭质量不好的旧钻孔把煤层底板水引了进来。

通过对旧钻孔的处理，该煤矿不仅恢复了原来的设计生产能力，而且也解放了8、9、10三层可采煤层。

（二）开采后顶板垮落和底板鼓胀裂隙

特征及对生产的影响：在无地表水体，沟通直达地表的垮落裂隙时，在雨季和融雪期，矿井涌水量也会增加。加强地面防水，可避免淹井事故；垮落裂隙沟通强含水层或地表水体，其水压大小与隔水层厚度和底板岩石的力学强度（抗水压能力）有关。水压大的强含水层突破底板，容易发生淹井事故。

采矿活动对矿井涌水的影响不仅表现为煤层采空后矿山压力对采空区上部岩层的破坏，同时也破坏煤层底板隔水层的完整性。

煤层开采以后，采空区上方的岩层因其下部被采空而失去平衡，产生塌陷裂隙，岩层的破坏程度向上逐步减弱。在缓倾斜煤层的矿井，根据采空区上方岩层变形和破坏的情况不同，可划分为3带。

第Ⅰ带为垮落带。煤层采出后出现采空区，由于顶板岩层支撑不住而遭到破坏垮落，垮落下来的岩石碎块自由堆积，无规则地填满了采空区和垮落空间，这就形成了垮落带。

第Ⅱ带为导水裂隙带。垮落带上的覆岩层，在重力作用下急剧向下移动，在层理、节理等岩层结合薄弱的部位，会产生较大的层间滑动与断裂，从而形成导水裂隙带。这一带在靠近垮落带的位置裂隙很多，越是向上则裂隙越少以至消失，它是从导水裂隙带顶点对采空区煤层顶板的垂直距离。

第Ⅲ带为弯曲带。位于导水裂隙带上部的岩层，由于导水裂隙带、垮落带的岩层向下移动，从而导致上方岩层发生弯曲变形。当下部垮落与上部沉降的岩层达到相对平衡时，岩层移动即全部结束，弯曲沉降带是在这种移动过程中形成的。由于它远离采空区，受煤层采动影响最小，从整体上看岩层未遭破坏，形成与采空区无连通裂隙的沉降带。此带高度一般较大。有时可涉及地表，在地面上出现盆状洼地，也有可能在地表上产生裂缝。

上述3带能否形成，主要与煤层埋藏条件、开采方法和岩层的力学性质有关。

从矿井水灾的角度来看，采空区上方3带的分布，决定了矿井充水条件，其中垮落带与地表水和地下水源沟通时，都能成为涌水的通道。第Ⅰ带透水性好，它与水源直接接触时，往往造成突水事故；第Ⅱ带接触水源时，能引起突然充水，使涌水量剧增；第Ⅲ带则保持原有性能，如果这一带是黏土岩，沉降弯曲后仍为良好的隔水层；如果是厚度不大的脆性砂岩层，沉降弯曲后则有轻微的透水现象。可见确定第Ⅰ带和第Ⅱ带高度，对分析矿井充水条件具有重要意义。

确定垮落带和导水裂隙带高度有3种方法，一是用长期观测的方法精确测定；二是用计算方法近似确定；三是用钻探方法确定，即在采空区上方施工地质钻孔，用判断泥浆的大量漏失标高及物理测井等方法可确定出导水裂隙带的高度。

采空区垮落后，形成的垮落带和导水裂隙带是矿坑充水的人为通道，其特点如下：①当垮落带、导水裂隙带发育高度达到顶板充水岩层时，矿坑涌水量将有显著增加，当未能达到顶板充水岩层时，矿坑涌水无明显变化；②当顶板垮落带、导水裂隙带发育高度达到地表水体时，矿井涌水量将迅猛增加，在雨季、融雪期更甚，同时，常伴有井下涌砂现象。水压大的强含水层有时突破底板，而发生淹井事故。

（三）潜蚀、掏空产生的疏通裂隙和地表塌陷

特征及对生产的影响：矿井长期排水后，使岩溶通道疏通，增加连通性，引起大量涌水、涌砂（可达数千至数万立方米），造成堵巷、淹井事故；岩溶含水层大量排水，引起岩溶区地面严重塌陷，大量地表水溃入矿井，造成农田被毁、地面建筑物坍塌、道路破坏等严重后果。

（四）流沙溃出引起地表塌陷

对矿井的影响与（三）相似，但严重程度及危害性不如岩溶地面塌陷。随着我国岩溶充水矿床大规模抽放水试验和疏干实践，矿区及其周围地区的地表岩溶塌陷随处可见，地表水和大气降水通过塌陷坑充入矿井。有时随着塌陷面积的增大，大量砂砾石和泥沙与水一起溃入矿坑。

第三节 充水强度

不同矿井，充水因素不同，各种因素对矿井充水的影响程度也不同，因而涌水量大小各异。涌水量大的矿井，称充水性强；涌水量小的，称充水性弱。矿井充水程度用含水系数 K_p 和矿井涌水量 Q 两项指标表示。

一、含水系数 K_p

含水系数又称富水系数，其数值是某一时期从矿井中排出的水量 Q 与同一期内煤炭开采量 P 的比值，即矿井每采1t煤的同时，需从矿井内排出的水量，用 K_p 表示，单位为 m^3/t，即

$$K_p = \frac{Q}{P}$$

根据含水系数的大小，可将生产矿井的充水程度分为4个等级。

（1）充水性弱的矿井：K_p 小于 $2m^3/t$；

（2）充水性中等的矿井：K_p 为 $2\sim5m^3/t$；

（3）充水性强的矿井：K_p 为 $5\sim10m^3/t$；

（4）充水性极强的矿井：K_p 大于 $10m^3/t$。

二、矿井涌水量（Q）

矿井涌水量是指在开拓及开采过程中，单位时间内流入矿井的水量，通常用 Q 表示，单位为 m^3/d，m^3/h 或 m^3/min。根据涌水量的大小，将矿井的充水程度分为4类。

（1）涌水量小的矿井：Q 小于 $2m^3/min$；

（2）涌水量中等的矿井：Q 为 $2\sim5m^3/min$；

（3）涌水量大的矿井：Q 为 $5\sim15m^3/min$；

（4）涌水量极大的矿井：Q 大于 $15m^3/min$。

不同矿井的充水程度或涌水量有很大差别，同一矿井不同时间或不同时段的涌水量也不一样，如在一年内有最大涌水量、正常涌水量和最小涌水量之分。

第四节　影响矿井充水的因素

这些因素是综合分析矿井充水条件的主要依据，也是评价水文地质条件复杂程度的重要指标。

一、自然因素

（1）气候。降水为主，降水量多少决定了补给矿井水的动储量大小。

（2）地形。地形直接控制了含水层的出露部位和出露程度，控制着降水和地表水的汇集与渗入，地下水以水平运动为主。因此，矿区地形就间接地影响矿井涌水程度。

当矿区位于当地侵蚀基准面以上时，涌水量通常较小，而且易排除。开采深度低于当地侵蚀基准面时，一般水文地质条件比较复杂，涌水量也大。

地表水和大气降水能否渗入地下，其渗入地下的数量多少，与煤层上覆岩层的透水性及围岩的出露条件有着直接关系。

覆岩的透水性好，则补给水量和井下涌水量也大。一般认为矿区内若分布有一定厚度（大于5m）的稳定弱透水层时，就可以有效地阻挡地表水和大气降水的下渗。

如煤层围岩是透水的，其出露地表的面积愈大，则接受降水和地表水下渗补给量就愈大，井下涌水量也愈大。

在地形平缓的情况下，厚度大的缓倾斜透水层最易得到补给，因此流入井巷水主要为动储量，其涌水量将长期稳定在某个数值上，且不易防治。若缺乏补给水源或煤层上覆岩层透水性弱，则流入井巷的水量主要是静储量，这时涌水特征是水量由大变小，较易防治。

（3）煤层上下岩层的组合形式决定了含水层赋存条件、含水层类型、水量、承压，以及充水方式（来自顶板或底板，直接或间接）。

（4）地质构造的构造型式与规模决定了地下水天然储量的大小。不同构造部位富水性存在差异，储水程度不同；断裂发育程度影响含水层之间以及含水层与地表水之间的水力联系，促使矿井充水条件复杂化。

（5）地表水是充水的重要水源之一，矿井距离地表水体远近不同（垂直与水平方向距离）充水影响程度也不同；当与地表水发生联系时，一般充水条件复杂，动储量大。

二、煤层上下岩层的组合形式

煤层上下岩层的组合形式主要有以下两种：

（1）泥岩、砂岩为主，夹煤层。直接充水含水层为顶板砂岩裂隙水，一般裂隙不发育，连通性差，含水性弱。塑性泥岩常为隔水层。矿井水文地质条件简单。

（2）顶板为含水性中等的石灰岩溶隙水，基底为强含水性的石灰岩溶隙水。

直接顶为含水性中等的 K_2 石灰岩溶隙水，下部为 $20\sim40m$ 厚的本溪组隔水层，主要充水影响是 K_2 灰岩溶隙水，主要水威胁是基底强含水性的奥灰岩溶裂隙水。

三、构造因素

（一）矿井构造型式

1.褶曲构造

1）背斜隐伏式

含水层未出露，煤层上覆隔水层完整；含水层补给排泄条件极差，近代岩溶不发育，古岩溶多充填或封存，含水性弱；矿井水主要消耗静储量，易疏干。

2）背斜裸露式

（1）以下伏含水层为充水来源。含水层被侵蚀裸露于地面，直接受大气降水、地表水补给。矿井充水程度取决于含水层厚度、裸露面积、地形以及地下水动力条件。如短轴闭合背斜，含水层仅在核部出露，面积有限；倾伏背斜，含水层在挠起端出露，面积较大，因此动储量比例大。若在岩溶含水层中，浅部水循环条件好，向两翼深部减弱，矿井水以消耗静储量为主。

（2）以上覆含水层为充水来源，如图3-3所示：其基本特征与下伏含水层充水相似。但上覆含水层一般两翼倾角较平缓，含水层裸露面积更广，矿井充水条件好。

3）向斜裸露式

（1）以下伏含水层为充水来源，如图3-4所示：常为典型的汇水构造盆地（自流水盆地），含水层沿盆地边裸露，接受大气降水、地表水补给，动储量大。水交替条件好，浅部近代岩溶易发育，水动力分带明显，深部岩溶较弱，并受层间不纯碳酸岩或非可溶岩层面控制。

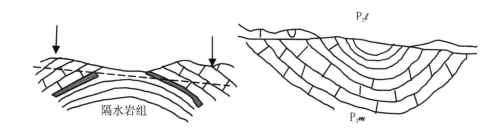

图3-3　背斜以上覆水为水源　　　　图3-4　向斜以下伏水为水源

（2）以上覆含水层为充水来源。其基本特征与下伏含水层充水相似。主要包括以下几种：

①小型闭合向斜，核部含水层被裸露，形成潜水盆地。因含水层出露面积有限，四周又为隔水边界，矿井水动储量补给不足。

②大型闭合向斜，上覆含水层有隔水层分布，充水条件与自流盆地相似。

③倾伏向斜，倾伏端含水层裸露面积更大，当其他条件相似时，比闭合向斜充水性更好。

2.断块构造

断块构造充水性与本身含水层的厚度、透水性有关。另外，还与构成断块断层带的性质、落差、导水性有关。

（二）矿井的富水构造部位

1.断裂交叉处

断裂交叉处是指同一个断裂带内的主干断裂与分支断裂的交叉处（如入字形构造）或两个断裂带交接和几条断层的收敛部，由于应力集中，岩体承受压力变形也相对强烈，岩石破裂，充填胶结差，导水性好。在矿山压力作用下，该部位容易突水。位于构造复合部位的矿井，水文地质条件也相应复杂。

2.断裂密度大的块段

此块段为应力集中或有多次构造应力叠加的块段。表现为较大断裂伴生一系列小断裂，裂隙发育。该地段富水性相对较强。

3.断层的端点部位

断层的端点部位是以密集破裂变形释放应力的地段，端点及两侧裂隙较发育，导水性较好。

4.褶曲轴部

褶曲轴部是指背斜轴部岩层因弯曲破裂，产生 X 形节理次级纵节理等构成的富水地段。推而广之，处于弧形构造弧顶部位的矿井，张性断裂发育，也相对富水。

5.挠曲转折部位

挠曲转折部位是指岩层沿走向、倾向产状急剧变化的地段，裂隙发育，相对富水。

（三）断裂结构的力学性质与矿井充水的关系

1.压性断裂面

压性断裂面承受压应力最大，断裂面被紧密挤压。充填胶结较好，井巷揭露一般不突水，能起隔水作用。但其两侧有低序次羽状断裂发育时，可形成局部富水带。

2.张性断裂面

张性断裂面主要由拉伸张力作用产生。断裂面的张裂程度大，充填物松散，胶结差。多为尖角状或棱角状大小不等的角砾所组成的角砾岩，孔隙多，孔隙率大。当两侧常伴生的低序次断裂连为一体时，断层带既是富水带，又是水源进入矿井的良好通道。

3.扭性断裂面

扭性断裂面主要在剪切力作用下产生。破裂带内有糜棱岩，两侧破碎角砾岩和棱体呈规律排列。扭裂面一般呈闭合型或较窄的裂缝，延展远，深重大。因此，当扭裂面及其两侧低序次张裂隙较发育时，导水性较强，也可成为水源进入巷道的良好通道。

一般纯属扭性的断层面不多，常见为张扭性和压扭性断裂。其特征和对矿井充水的影响介于二者之间。

（四）同一构造体系不同部位对矿井涌水的影响程度不同

（1）任一断层面形成时，其不同部位受力是不均衡的，因此造成同一断层不同部位破碎程度的不均匀性。另外就其端点而言，都不是以位移消失应力，而是以破裂、变形消失应力。故在断层的端点部位及其两侧的岩层裂隙发育，为地下水运动、埋藏创造了良好的条件。

（2）一个构造体系的主干断裂与分支断裂的交叉点，应力比较集中，各种裂面均很发育，岩石破裂，充填和胶结程度较差，尤其在石灰岩中，岩溶也特别发育。故在断层的交叉点处，突水性强，导水性也好。采掘工作面接近上述地段，经常发生突水事故。

（3）断层密度大的地段，不仅应力集中，且受多次应力作用，造成岩层破碎，裂隙发育，这是地下水运动和赋存的良好场所，一旦采掘工作面接近或通过这些块段时，则易发生突水。

（4）断层的形成是两盘相对运动的结果，在相对运动过程中，必然有主动与被动之分，这种"主动"与"被动"是由于受力的边界条件和重力作用造成的。如高角度断层的发生，因上部临空，故在水平外力作用下，上盘易向上滑动，在重力作用下，它又易向下滑动。所以从作用力与反作用力来看，上盘为"主动"盘，其中低序次的断裂相应比下盘（被动盘）发育，故在上盘部位突水性强。这与断裂面两盘的岩性、富水性及补给条件也有一定关系。

综上所述，地质构造对矿井涌水的影响是复杂的，是多种因素决定的。在分析矿井涌水条件时，既要看到地质构造决定地下水的埋藏条件，也要看到地质构造控制了地下水的运动和影响矿井涌水量的大小。所以在分析判断断层导水性及其富水性时，绝不能凭主观臆断，必须用辩证唯物主义观点对每一条断层的具体情况做具体分析，从而确定每一条断层的导水与涌水的相对性、可变性和不均一性。

矿井涌水条件的分析无非是从具体资料中去伪存真来分析和研究矿井涌水的水源和通路。分析得准确与否，不仅关系到涌水量大小及计算参数的选择，还关系到如何采取经济合理有效的措施，保证安全生产的问题。为此，在日常工作中，必须详细搜集资料，对本矿区、本井田的地质、水文地质条件进行调查和研究，对断层可能存在的位置、规模，断裂面力学性质，两侧岩层的错动关系及其岩性，含水层的分布及其富水性，采空区边界，旧钻孔的空间位置等，皆应调查清楚，并且要有系统完整的图纸和方案等原始资料，只有这样才能正确地判断矿井涌水因素之间相互制约和相互依存的内在联系及规律，找出涌水的主导因素，采取有效措施，确保安全生产。

（五）防治隔水层与阻水断裂滞后突水（泥）

在煤矿最常见的隔水层有泥岩、砂质泥岩、泥质胶结的粉砂岩等。在一定的自然条件下，这些隔水层有可能转化为含水层或透水性能较好的岩层。隔水层的微粒之间多被结合水所占据，几乎不含重力水，故为隔水层。有时因黏土干裂而收缩，裂隙很发育，具有一定透水性，能贮存地下水，而失去原有的隔水性。由隔水层转变为透水层或含水层。在较大水压及矿压作用下，可使隔水层中一部分结合水产生运动而具有透水性，从而转化为含水层。可见隔水层在特定条件下具有两面性。在煤矿生产中，如果忽视这种转化因素，就容易被某些现象所迷惑，而造成突水事故。

例如，20世纪80年代，湖南煤炭坝五亩冲煤矿运输大巷布置在已疏干的茅口灰岩强含水层中。一天大巷遇到一条宽1.5cm的裂缝，内充填有干红泥，认为是阻水带而继续掘进，因水压与矿压使干泥产生裂缝，地下水随之渗入裂缝。3个月后大巷所见干红泥变软而具弹性，再过一星期之后，具弹性红泥的抗压强度低于水压而变成稀泥涌入具有自由面的大巷，所幸未造成人员伤亡，仅使工期延长5个月，造成部分经济损失。这是滞后突泥的典型事例。

又如，因射流作用的滞后突水。霍州矿区曹村煤矿据精查资料奥灰水静止水位为517～519m。该矿把500m水平大巷布置在奥灰岩中，大巷带水压大于1MPa。20世纪80年代初，暗斜井落底后送巷50余m时，揭露了一条宽1.5cm左右的开口裂隙，无水。曹村煤矿位于距奥灰水补给区仅3km的径流区，有限的水流沿该煤矿主径流带向郭庄泉排泄。该裂隙距主径流带约0.8km，因射流作用无水而充气。大巷掘进2个多月后，因矿井为负压通风，局部通风机回风流不断将该裂隙中的气体缓慢带出，其气压小于射流带的水压，在水压、矿压和爆破震动的诱发下，奥灰水终于从该裂隙中涌出。由于所掘临时水窝容积小，临时水泵排量小，大巷及部分暗斜井被淹，调泵强排水月余。

临汾市不少煤矿缺水，为寻找供水水源而打深井揭露奥灰岩百余米，有的在200m以上，但无水或涌水甚微，这是因为这些矿井距地下分水岭不远，不在径流带上，有限的奥灰水沿地下水主径流带流动，形成射流。水源井如果布置在奥灰水径流带上的话，将会取得较好的效果。

再如，山东肥城杨各庄煤矿的断层滞后重大突水事故。1985年5月27日9时左右，该煤矿在已经停止掘进达4个月之久的9101回风巷发生突水，标高32m。初期涌水量为600m³/h左右，17时增至4000m³/h，最大时达到5237m³/h，最后稳定在4409m³/h。该煤矿把排水能力从1680m³/h努力提到2360m³/h，因抵不住涌水量，到当月28日4时35分淹没了矿井，停产半年，无人员伤亡，设备全部被淹，其损失达2001.5万元。

该突水点位于地堑内，东南部有两条正断层，走向NE，倾向NW，倾角68°，落差分别为18m和8m；西北有两条正断层，走向NE，倾向SE，倾角70°，落差分别为7m和15m。其落差均为地堑内侧小于外侧。突水点在东南侧落差8m断层的中部巷道揭露处。该工作面开采9号煤层，煤厚1.2m左右，下距本溪组徐家庄灰岩（C_{2x}）21m。徐家庄灰岩厚13.5m，徐家庄灰岩下距奥陶系灰岩12m左右，奥陶系灰岩厚800m左右。这两层灰岩含水极为丰富，两者水力联系密切，其水位动态及水质特征基本一致。

此次突水的主要原因是对所揭露的断层点未采取加固（砌碹、筑防水墙、注浆等）防水措施，使其长期裸露，断层带被水浸泡，断层泥（岩块）变软，强度降低，而发生了滞后突水。

上述事例告诫我们：井下遇到有滞后突水危险的断层、张节理时，一定要立即采取防范措施，以杜绝后患。

四、地表水体与矿井的关系

（1）煤层位于地表水体之上，矿井充水与地表水体无关。

（2）地表水体位于煤层之上甚远，其间有相当厚的隔水岩组（岩组垂向厚大于垮落带高度），不论采用何种采煤顶板控制方法，矿井涌水量与地表水体无关。

（3）地表水体位于煤层之上很近，其间隔水层厚度小于垮落带高度。回采后，垮落带可以贯通地表水体，井巷涌水量剧增，可能淹井。

（4）地表水体位于煤层之上，间距较大，但其间无隔水层或隔水层分布不连续。

地表水可通过含水层或天窗进入井巷，通道透水性越大，水体距井巷进水途径越近，威胁就越大。

（5）地表水体距矿井较近（小于排水影响半径），充水含水层被切割或通过导水断层与之发生水力联系。

地表水体构成矿井的定水头供水边界，矿井涌水量大而稳定。水量少的池塘，最终可能逐渐疏干。

地表水体平行走向切割含水层补给矿井水量较垂直走向切割含水层的矿井涌水量要大，防治工作也较困难。

（6）在地表水体距矿井较远，但地表水体距井巷的间距大于排水影响半径，或含水层与断层的透水性弱时，地表水渗量有限。

地表水体仅作为含水层的补给源，矿井涌水量主要取决于直接充水含水层的透水性及过水断面大小等因素。

（7）地表水体下有不厚的第四系冲积层覆盖煤系地层，冲积层具有一定的透水性。

地表水体对矿井充水影响决定于冲积层的渗透性、厚度及过水断面大小等因素。涌水量季节性变化一般较小。

五、人为因素

人为因素主要包括矿井开拓方式、采煤方法和疏干方法3个方面。

（一）矿井开拓方式

1.平硐开拓

（1）沿煤层开平硐及巷道

①煤层顶底板有隔水层，沟谷近垂直走向深切时采用。

②可不直接揭露含水层，平硐、巷道涌水量减到最低限度。

③可起到探测煤层变化和构造，边探边掘的作用。

（2）垂直岩层走向开平硐

①沟谷沿走向延展时采用。

②直接揭露煤层以上（或以下）数个含水层，起预先疏干或降低水头压力的作用。可利用揭露自流排水，不需排水设备，节约排水费用。

③开凿后，应将距顶底板较远与采煤无关的含水层地段封闭。

（3）在煤层底板含水层内沿走向开平硐

①兼作含水层超前疏干巷道时采用。

②平硐不压煤，但涌水量大，须按疏干巷道设计，利用坡度自流，不需排水设备，节省排水费用。

2.斜井开拓

（1）在煤层内开拓

①可兼探测煤层变化和地质构造，尤其副井超前掘进时经常采用。

②当煤层顶底板有隔水层时，可不直接揭露含水层，井筒涌水量减少到最低限度。

③当矿井水文地质条件复杂时（如岩溶类矿井），应避免在地下水位以下开斜井。

（2）在含水层内开拓

①可超前疏干含水层。当直接充水含水层在底板时，还可避免井筒压煤。但只有含水层涌水量少，并通过经济比较后才可采用。

②强含水层内不宜采用。因井筒断面小，涌水量大，排水困难，易造成淹井事故，不利于排水恢复。

（3）在顶底板相对隔水岩组内开拓

①适用于水文地质条件复杂的矿井，尤其岩溶类矿井应优先采用，且按阶段斜井设计。同理，适用于下山开拓。

②可避免井筒早期遇到强含水层，待井筒（下山）达到设计深度，筑好水仓、泵房后，再开拓强含水层进行疏降最为有利。

3.立井开拓

（1）从顶板开凿立井

①主要含水层位于煤层底板以下时采用。

②因井筒避开了强含水层，减少了涌水量，故便于施工，需留井筒保安煤柱。

（2）从底板开拓立井

①强含水层位于顶板以上，煤层倾角很大时采用。

②减少井筒施工的复杂性和基础期的涌水量，避免井筒压煤。

4.初期采区设计

孔隙含水层岩相变化大，岩溶含水层富水性极不均一的矿区，初期采区设计如下：

（1）独立开采的中小型矿井宜选在弱富水区段，可显著减少初期涌水量及排水费用，降低吨煤成本，强富水区段可留待后期开采。

（2）通过经济比较后，认为需要超前作大面积疏干或降压的矿井，可选在强富水区段。

5.井口位置选择

（1）矿井的各个地面出口应选在河流历年最高洪水位或山洪洪水位之上，以免洪水沿井口倒灌，造成淹井事故。除非井口加围堰，并确保在水浸时不致溃决。

（2）地面广泛覆盖冲积层的矿井，井口尽量选在第四系层薄、透水性弱，土层物理力学性质较好的区段，以减少井筒施工的困难。

（二）采煤方法

1.壁式采煤，全部垮落法控制顶板

正常情况下，我国煤矿冒高、裂高与采煤比例（缓倾斜、倾斜煤层）如表3-1所示。

表3-1　我国煤矿冒高、裂高与采高比例（缓倾斜、倾斜煤层）

覆岩岩性	冒高比值			裂高比值		
	一分层	二分层	三分层	一分层	二分层	三分层
坚硬	4～5	3～4		18～28	13～18	8～12
中硬	3～4	3～4	3～3.5	12～16	8～11	6～8
软弱	1～2			9～12	6～8.5	4.7～5.9

2.房柱、条带法、刀柱法采煤

本法适用于顶板坚硬、完整的采区。可使部分煤柱及煤柱带起支撑顶板的作用，减小裂缝带上延高度，在一定条件下，可避免顶板以上含水体的水进入矿井。目前这些采煤方法已极少采用。

3.采煤工作面长度、控顶距、近距离多煤层联合布置开采

工作面长度和采空区面积大，控顶距大，以及近距离多煤层联合布置开采，都能增大矿山压力，尤其是初次来压，破坏底板（或围岩）隔水层，引起地下水突入矿井。

（三）疏干方法

1.深降强排

（1）降落漏斗扩展大，尤其在厚层岩溶发育的灰岩含水层内影响范围超过5～8km，甚至10km以上，大范围地改变了地下水的运动状态，引进了新水源，增加了矿井水的动储量。

（2）造成泉水干涸，河水向矿井倒灌，岩溶裂隙疏通，地表塌陷，降水渗入，增大了矿井涌水量。

2.联合疏干

（1）采用几对矿井在地面和井下同时开拓，疏降同一含水层，使各井之间互相干扰排水。

（2）此法能加速地下水疏干，联合疏干时，单个矿井涌水量比独立疏干涌水量可减少10%～30%，疏干井数量越多，井间距越近，效果越明显。

第四章　矿井涌水量预测方法

矿坑（井）涌水量是指从矿山开拓到回采过程中单位时间内流入矿坑（包括井、巷和巷道系统）的水量。它是确定矿床水文地质类型、矿床水文地质条件复杂程度和评价矿床开发经济技术条件的重要指标之一，也是制定矿山疏干设计、确定生产能力的主要依据。

第一节　大井法

一、基本原理

当矿井排水时，在矿井周围含水层中形成以巷道系统为中心的具有一定形状的降落漏斗。这与钻孔抽水所形成的降落漏斗十分相似，因此，可以将巷道系统分布范围假设为一个理想的"大井"，其截面积与巷道系统的分布面积相当，利用地下水动力学的井流公式来计算巷道系统的涌水量。

二、计算范围

依据麦垛山矿提供的近五年采掘计划，预测计算范围为麦垛山煤矿11采区110203以及110208工作面。确定的计算范围：110203工作面东西宽0.25km，南北长5.238km，面积1.3095km²；110208工作面东西宽0.25km，南北长4.998km，面积1.2495km²。总面积2.559km²。

计算评价目的层为2#煤顶板直罗组下段砂岩含水层（J_2z^1），含水层厚37.57～133.79m，平均厚度62.16m。

要求：水位降至2#煤顶板。

三、计算公式

选择承压——无压水井流公式：

$$Q = \frac{\pi K[(2HM - M^2)] - h_w^2}{\ln \ (R_0/r_0)}$$

其中，$r_0 = s/4$（s 为计算区长度），$R = 10S\sqrt{K}$，$R_0 = R + r_0$。

式中：Q—涌水量（m^3/d）；

　　　K—含水层渗透系数（m/d）；

　　　H—静止水头高度（m）；

　　　h_w—剩余水头高度（m）；

　　　M—含水层厚度（m）；

　　　r_0—大井半径（m）；

　　　s—预测区长度（m）；

　　　R—含水层抽水时得出的影响半径（m）；

　　　S—水位降深（m）；

　　　R_0—矿井排水的影响半径（m）。

四、计算资料

计算所用数据主要来自《麦垛山煤矿11采区水文地质补充勘探》和参考《麦垛山井田煤炭勘探报告》（宁夏回族自治区煤田地质局，2011年1月）中的地质钻孔、水文钻孔，如表4-1所示。ZL 和 JD 编号的孔为勘探施工钻孔。

表4-1 J_2z^1含水层数据表

钻孔名称	含水层厚度/m	水位标高/m	渗透系数 K/（m/d）
ZL1	49.22	1 301.586	0.3091
ZL2	27.33	1303.809	0.9557
ZL3	37.57	1304.592	0.5295
ZL4	97.31	1266.772	0.0136
ZL5	29.88	1304.326	0.6573
ZL6	52.69	1304.614	0.0987
ZL7	60.32	1304.099	0.5326
ZL8	133.79	1304.933	0.4273
ZL9	59.40	1308.599	0.0617
ZL10	40.00	1307.505	0.2090
JD1	120.21	1305.331	0.1427
JD2	130.67	1305.613	0.1278
JD3	148.67	1305.384	0.1188

五、计算参数

计算参数确定：

（1）渗透系数（K）值的确定：

预计矿井涌水量所选用的 K 值是通过抽水试验确定的。由于含水层的非均质和抽水试验人为的误差，往往求得的 K 值在同一含水层中的不同地段差异很大，或同一抽水孔用不同方法和不同深度的资料所求得的 K 值不相同。因此，采用计算区附近钻孔 ZL1、ZL3、ZL5、ZL7、ZL8号孔平均值法计算，得 $K=0.4912$m/d。

（2）水柱高度（H）值的确定：

取 ZL1、ZL3、ZL5、ZL7、ZL8号孔水位标高的平均值（$H=1304.11$m）至2#煤顶板标高的距离平均值（$H=302.53$m）。

（3）含水层厚度（M）值的确定：

含水层厚度的确定，是根据钻孔简易水文地质观测、水文测井和抽水试验的成果分析确定的。计算选取 ZL1、ZL3、ZL5、ZL7、ZL8号钻孔含水层厚度数据的平均值（$M=62.16$m）。

（4）疏干水位降深（S）值的确定：

为平均水位标高至2#煤顶板标高的距离平均值（S =302.53m）。

（5）大井半径（r_0）值的确定：

预测区为长条形，$r_0=s/4$=2559m（计算区长度 s 为：10.236km）。

（6）含水层抽水时得出的影响半径（R）值的确定：

$$R=10S\sqrt{k} = 2120.3m$$

（7）矿井排水的影响半径（R_0）值的确定：

$$R_0 = R+r_0 = 4679.3m$$

通过取得的成果资料及以往资料的整理分析，获得计算涌水量的基础计算参数，如表4-2所示，并结合麦垛山矿井目前的开拓情况进行矿井涌水量预测。

表4-2　涌水量计算基础数据表

大井法	
渗透系数 K（m/d）	0.4912
初始水位 H_0/m	1304.11
2#煤顶板标高/m	1001.58
水位降深 S/m	302.53
静止水头高度 H/m	302.53
含水层厚度 M/m	62.16
剩余水头高度 h_w/m	0
计算区长度 s/km	10 236
大井半径 r_0/m	2559
影响半径 R/m	2120.3
引用影响半径 R_0/m	4679.3
正常涌水量/（m³/h）	3593.41

六、预测结果

预测11采区110203、110208工作面正常涌水量为3593.41m³/h。根据相邻红柳矿区的开采经验，最大涌水量为正常涌水量的1.3倍，以此计算最大涌水量为4671.43m³/h。

第二节 集水廊道法

预测计算范围为麦垛山煤矿11采区110203以及110208工作面。将计算区视为一狭长廊道，计算公式如下：

$$Q_{水} = \frac{KMHC}{R} \cdot \frac{1}{24}$$

式中：Q—预测区涌水量（m³/h）；

K—含水层渗透系数（m/d）；

H—承压水水头高度（m）；

M—含水层厚度（m）；

R—影响半径（m）；

C—狭长廊道进水边界长度（m）。

通过取得的成果资料及以往资料的整理分析，获得计算涌水量的基础计算参数，如表4-3所示。

表4-3 涌水量计算基础数据表

集水廊道法	
渗透系数K/（m/d）	0.4912
水位降深S/m	302.53
计算区周长C/m	20 972
影响半径R/m	2120.30
承压水水头高度H/m	302.53
含水层厚度M/m	62.16
正常涌水量/（m³/h）	3806.88

计算参数确定与大井法计算相同，另外狭长廊道进水边界长度（C），也即计算区周长，为20 972m。

集水廊道法预测11采区110203、110208工作面正常涌水量为3806.88m³/h，最大涌水量为4948.94m³/h。

第三节 水文地质比拟法

一、基本原理

以已知的水文地质条件类似矿区的水文地质资料，作为新区涌水量计算的依据。与麦垛山井田相邻的红柳煤矿，与该井田的水文地质条件相类似，水文地质勘探类型相同。因此，选用水文地质比拟法进行预算麦垛山井田的涌水量。

二、富水系数法

用红柳井田矿坑排水资料以及相应的采煤量进行比拟推算麦垛山井田先期开采地段未来矿井涌水量。

以产量富水系数平均值进行比拟法计算的公式为：

$$Q = K_B \cdot P$$

式中：Q——矿井涌水量；

K_B——富水系数；

P——原煤产量。

表4-4　计算基础数据表

时间	涌水量/（m³/h）	采煤量/t	时间	涌水量/（m³/h）	采煤量/t
2011年1月份	523	292 011	2011年11月份	697	39 300
2011年2月份	506	525 963	2011年12月份	717	26 100
2011年3月份	516	726 209	2012年1月份	727	374 600
2011年4月份	460	385 760	2012年2月份	777	320 300
2011年5月份	426	445 683	2012年3月份	819	325 000
2011年6月份	402	492 500	2012年4月份	840	535 000

时间	涌水量/（m³/h）	采煤量/t	时间	涌水量/（m³/h）	采煤量/t
2011年7月份	455	588 520	2012年5月份	806	575 000
2011年8月份	312	575 072	2012年6月份	777	520 000
2011年9月份	375	554 808	2012年7月份	828	384 000
2011年10月份	523	436 078	2012年8月份	780	300 000

根据临近的红柳煤矿2011年11月—2012年10月产量为4.72Mt/a，正常矿坑排水量754.00m³/h，富水系数为1.60，求得麦垛山井田未来矿井涌水量为：

未来矿井生产能力为8.0Mt/a；

$Q = 800 \times 1.60 = 1280 m^3/h$

采用富水系数法预算矿井正常涌水量为1280m³/h，最大涌水量1664m³/h。

三、采面比拟法

用红柳井田矿坑排水资料以及相应的采掘面积进行比拟推算麦垛山井田先期开采地段未来矿井涌水量。

以煤矿采掘面积与涌水量关系进行比拟法计算的公式为：

$$Q = Q_0 \left(\frac{F}{F_0}\right)^{\frac{1}{M}}$$

式中：Q—预测矿井涌水量 m³/h；

Q_0—已知矿井实际排水量 m³/h；

F—设计矿井开采面积 m²；

F_0—已知矿井开采面积量 m²；

M—地下水流态系数，根据经验取2.0。

表4-5　红柳煤矿2012年前8个月涌水量与采掘面积一览表

序号	时间	涌水量/（m³/h）	采掘面积/m²
1	1月份	727	17 993
2	2月份	777	36 042

序号	时间	涌水量/（m³/h）	采掘面积/m²
3	3月份	819	46 027
4	4月份	840	103 505
5	5月份	806	72 096
6	6月份	777	54 322
7	7月份	828	29 029
8	8月份	780	49 552

参数选择：

Q_0：取红柳煤矿2012年前8个月涌水量平均值为794m³/h；

F_0：取红柳煤矿2012年前8个月采掘面积之和为408 565m²；

F：取麦垛山煤矿2煤两个首采工作面8个月采掘面积之和为1 558 666m²。

计算结果：

将以上参数带入采面比拟法公式得矿井正常涌水量 Q=1550m³/h，最大涌水量2015m³/h。

四、最小二乘比拟法

（一）基本原理

表4-6　矿井涌水量及开拓面积一览表

年份	2011			
季度	1	2	3	4
涌水量/（m³/h）	514.79	429.44	380.41	645.55
开拓面积/m²	98 767.72	157 280.81	195 580.34	98 907.38
年份	2012			
季度	1	2	3	
涌水量/（m³/h）	774.08	807.51	729.11	
开拓面积/m²	100 061.72	229 922.09	121 295.78	

引入最小二乘法计算矿井涌水量的理论依据在矿井地质条件比较稳定，老矿

井具有长期水量观测资料，并且该矿长期水量资料显示矿井涌水量数据与矿井开拓面积呈线性关系或近似线性关系条件下，该法根据已知数据资料，建立最小二乘法理论公式，求得比拟参数，进而推算出新开拓面积下的预测涌水量。

表4-6为红柳煤矿2011年1月～2012年9月矿井涌水量及相关因素观测资料。

（二）利用最小二乘法建立理论比拟公式

根据上面的观测数据，以2011年第四季度和2012年前三季度年数据为例，根据4个季度涌水量与开拓面积数据资料，用最小二乘法求得理论公式参数，确定比拟计算公式。进而用来指导下一年涌水量计算。

首先，建立 Q 和 Fi 之间的经验公式 $Q=f（Fi）$。

建立函数模型：在直角坐标系中以 Fi 为横坐标，Q 为纵坐标，描绘出4个季度各季度数据的对应点。发现生产矿井的涌水量 Q 随开采面积 Fi 基本呈直线变化，如图4-1所示。

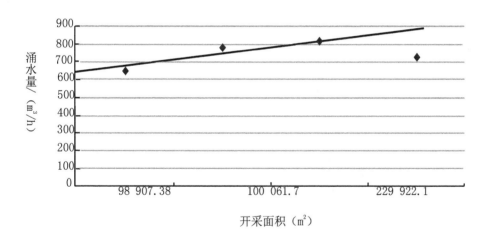

图4-1 红柳井田涌水量与开采面积关系图

我们可以近似认为 $Qi=f（Fi）$ 是线性函数，并设 $f（Fi）=aFi+b$，其中 a 和 b 是待定常数。

为使 $f（Fi）=aFi+b$ 在 $F1$，$F2$，$F3$，……处所求得的函数值与实验数据 $Q1$，$Q2$，……都相差很小，我们求取这样的常数 a、b，使 $M = \sum_{i=1}^{4} [Q_i - （aF_i +$

b）]^{2}得到最小化，来保证每个偏差的绝对值都很小。

将 M 看作自变量 a 和 b 的一个二元函数，求 $M=M$（a，b）在哪些点处取得最小值，利用微分求偏导数方程：

$$\begin{cases} M_a（a，b）=0 \\ M_b（a，b）=0 \end{cases}$$
的解来解决，即令

$$\begin{cases} \dfrac{\partial M}{\partial a} = -2\sum_{i=1}^{4}[Q_i-(aF_i+b)]F_i = 0 \\ \dfrac{\partial M}{\partial b} = -2\sum_{i=1}^{4}[Q_i-（aF_i+b）] = 0 \end{cases}$$

将括号内的各项进行整理合并，并把未知数 a 和 b 分离出来，便得

$$\begin{cases} a\sum_{i=1}^{4}F_i^2 + b\sum_{i=1}^{4}F_i = \sum_{i=1}^{4}F_iQ_i \\ a\sum_{i=1}^{4}F_i + 4b = \sum_{i=1}^{4}Q_i \end{cases} \quad\cdots\cdots\cdots\cdots\cdots\cdots（1）$$

我们列表计算 $\sum_{i=1}^{4}F_i^2$，$\sum_{i=1}^{4}F_i$，$\sum_{i=1}^{4}Q_i$ 以及 $\sum_{i=1}^{4}F_iQ_i$，结果如表4-7所示。

表4-7　Q_i、F_i 计算结果表

时　间	开拓面积 F_i /m²	F_i^2	涌水量 Q_i / （m³/h）	Q_iF_i
2011年第4季度	98 907	9 782 668 849	646	63 849 656
2012年第1季度	100 062	10 012 347 529	774	77 455 275
2012年第2季度	229 922	52 864 169 217	808	185 664 390
2012年第3季度	121 296	14 712 666 585	729	88 438 270
总　　计	550 187	87 371 852 181	2956	415 407 591

将上述结果代入方程组（1）得

87 371 852 181 a+550 187 b=415 407 591

550 187 a+4 b=2956

解此方程得 a=0.00075，b=635.73。这样便得到所求经验公式

Qi=f（Fi）=0.00075Fi+635.73·····················（2）

现将（2）式算出的函数值 f（Fi）与实测值进行对比，如表4-8所示。

表4-8 计算值与实测值的比较

开拓面积/m²	98 907	100 062	229 922	121 296
Qi 实测值 / (m³/h)	646	774	808	729
f（Fi）比拟公式 计算值/ (m³/h)	710.0	710.9	808.5	726.9
差值	64.5	-63.2	0.9	-2.3
误差率	0.100	0.082	0.001	0.003

采用最小二乘法计算矿井正常涌水量1075m³/h，最大涌水量1397m³/h。

由以上数据分析，使用最小二乘比拟法求得的比拟参数所计算的矿井涌水量与实际生产中矿井涌水量相差很小，误差率低，预测涌水量值基本逼近实测值。

第四节 数值法

利用Visual MODFLOW三维流数值模拟软件，建立反映模拟区砂岩含水层地下水分布、储存及其时空变化规律的参数模型；根据拟定的预测方案，对麦垛山煤矿11采区110203以及110208工作面2#煤顶板砂岩裂隙含水层涌水量进行预测。

一、水文地质概念模型

通过水文地质条件的概化，确定计算范围和边界条件、含水层结构、地下水流场和水文地质参数，为建立地下水数值模型奠定基础。

（一）模型范围和边界条件

计算范围为麦垛山煤矿11采区范围，确定的计算范围东西长2.95km，南北宽10.8km，面积28.7km²。计算区东西南北边界均为二类流量边界。计算的含水层为2#煤顶板直罗组下段砂岩承压含水层（J_2z^1含水层），含水层顶板及底板为泥岩、

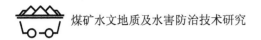

粉砂岩隔水层，含水层为承压含水层。

水文地质结构模型是指含水介质空间分布特征的定量描述，是建立地下水数值模型的基础。本次数值模拟的目的层为侏罗系中统直罗组（J_2z）中粗砂岩裂隙承压含水层组下段（J_2z^1含水层），位于直罗组底部至2#煤顶板之间。J_2z^1含水层上部为直罗组粉砂岩隔水层，该隔水层为较稳定的隔水层，对于阻隔直罗组含水层上段（J_2z^2含水层）及第四系含水层与基岩含水层之间的水力联系，有较好的隔水效果。J_2z^1含水层下部为延安组（J_2y）泥岩互层隔水层。含水层顶、底板均为隔水层，因此，含水层为承压水含水层。

含水层岩性主要为灰绿、蓝灰、灰褐色夹紫斑的中、粗粒砂岩，夹少量的粉砂岩和泥岩，局部含砾。含水层厚37.57～133.79m，平均厚度62.16m。中、粗粒砂岩含水层在模型中概化为一层，顶板标高为1000～1300m，底板标高为850～1150m。

含水层在井田范围分布较均匀，北部稍高，南部稍低。

（三）地下水流动特征

矿区含水层地下水的运动状态为层流，符合达西定律；含水介质概化为非均质各向异性。

二、地下水流数学模型

（一）数学模型

根据水文地质概念模型，可将模拟区地下水流概化成非均质各向异性、承压水三维流数学模型，可用下列微分方程的定解问题来描述：

$$
\begin{cases}
\dfrac{\partial}{\partial x}\left(K_{xx}\dfrac{\partial H}{\partial x}\right)+\dfrac{\partial}{\partial y}\left(K_{yy}\dfrac{\partial H}{\partial y}\right)+\dfrac{\partial}{\partial z}\left(K_{zz}\dfrac{\partial H}{\partial z}\right)+w=S_z\dfrac{\partial H}{\partial t}, & (x,\ y,\ z)\ \in\ \Omega \\[2mm]
H(x,\ y,\ 0)=H_0(x,\ y) & (x,\ y)\ \in\ \Omega \\[2mm]
H(x,\ y,\ t)|_{r_1}=H_1(x,\ y,\ t) & (x,\ y)\ \in\ \Gamma_1 \\[2mm]
K\dfrac{\partial H}{\partial n}|_{r_2}=q(x,\ y,\ t) & (x,\ y)\ \in\ \Gamma_2
\end{cases}
$$

式中：H—水头（m）；

　　　　K—渗透系数（m/d）；

　　　　S_s—承压水贮水率（1/m）；

　　　　w—源汇项（d^{-1}），流入为+，流出为−；

　　　　Γ_1—水头边界（m）；

　　　　Γ_2—流量边界（m^3/d）；

　　　　Ω—渗流模拟区域（m^2）；

　　　　H_0—初始水位（m）；

　　　　H_1—已知水头（m）；

　　　　q—边界单宽流量（m^2/d）；

　　x，y，z—空间坐标（m）；

　　　　n—边界外法线方向；

　　　　t—时间（d）。

（二）数学模型求解

对以上数学模型求解采用有限差分法求解，MODFLOW 在计算有限差分网格中每个单元的水位时，用一个结点与其六个相邻结点间的水量平衡关系，如图4-2所示，为每个单元建立一个有限差分形式的水均衡方程，然后用共轭梯度法迭代求解水位。差分方程的一般形式如下：

$$
b_{ij}H_{i-1,j}+d_{ij}H_{i,j-1}+e_{ij}H_{i,j}+f_{ij}H_{i,j+1}+g_{ij}H_{i+1,j}=q_{ij}
$$

用矩阵符号表示为：A·X=b

式中：A：系数矩阵；

X：水位矩阵；

b：常数项列阵。

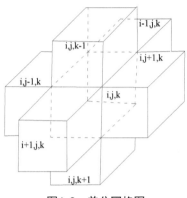

图4-2　差分网格图

三、地下水流数值模拟

（一）Visual Modflow 软件简介

Visual Modflow 是目前国际上最新流行且被各国同行一致认可的三维地下水流和溶质运移模拟评价的标准可视化专业软件系统，该系统是由加拿大 Waterloo 水文地质公司在原 Modflow 软件的基础上应用现代可视化技术开发研制的，并于1994年8月首次在国际上公开发行。这个软件包由 Modflow（水流评价）、Modpath（平面和剖面流线示踪分析）和 MT3D（溶质运移评价）三大部分组成，并且具有强大的图形可视界面功能。设计新颖的菜单结构允许用户非常容易地在计算机上直接圈定模型区域和剖分计算单元，并可方便地为各剖分单元和边界条件直接在计算机上赋值，做到真正的人机对话。

Visual Modflow 软件继承了地下水流计算程序 Modflow 的优点，具有模块化特点，处理不同的边界条件和源汇项都有专门独立的模块，便于输入数据和修改调试模型。作为一款可视化水流模拟软件，它的界面十分友好，条理清晰，菜单与模块化的程序相对应，更为方便的是它提供了比较好的模型数据前处理和后处理的环境，原始数据不用过多处理就可以从软件界面输入，模型计算完成后可以可视化显示流场、水位动态曲线及降深，并可以输入图形和数据。

（二）渗流区域部分

根据地下水流系统数值模型及 Visual Modflow 的要求，采用正方形网格剖分，网格大小为100m×100m，平面上将计算区域剖分为111行76列，共8436个网格。模拟目的层为 J_2z^1 含水层，垂向上将含水层概化为单层结构，其顶底板均为隔水层。

（三）参数初值

将水文地质勘探和以往勘查所得参数作为参数初值，渗透系数范围为0.2～0.7m/d。插值后生成渗透系数等值线，作为参数初值。

采用2012年7月9日实测的地下水水位作为模型的初始水位。

（五）边界条件

根据工作区水文地质勘查资料，计算区东、西、南、北边界均按第二类流量边界处理。

四、模型识别与检验

根据实际水文地质资料，对模型进行两次识别，分别为：自然状态下稳定流流场识别；多孔抽水试验非稳定流模型识别。

（一）自然状态下稳定流流场识别

表4-9 稳定流流场识别主要数据

时间	2012年6月7日～2012年7月9日			
边界	东	西	南	北
径流量/（m³/h）	3.75	-0.83	1.25	-4.17
流场类型	稳定流			
选用的拟合流场图	2012年7月9日实测流场图			

由于采区范围内目前没有人工排水，使得水位形成东南稍高、西北稍低的相对自然稳定流场，所以用稳定流进行模拟，对参数进行初步调整。根据实际资料，选择2012年6月7日至7月9日的资料进行模型的识别。模型识别过程用到的主要数据如表4-9所示。

（二）多孔抽水试验非稳定流模型识别

多孔抽水试验时间为2012年7月12日14时～2012年7月17日9时，抽水孔为ZL8，抽水量为11.33～36.96m³/h，如图4-3所示，抽水期间采区内无其他出水点。试验期间共有3个观测孔（JD1、JD2、JD3）观测水位，主要数据如图4-3所示。

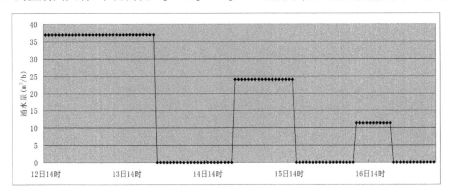

图4-3 抽水量动态曲线

各观测孔观测水位从2012年7月12日至2012年7月17日，记录了地下水位的动态变化过程，3个观测孔的水位动态曲线如图4-4所示。

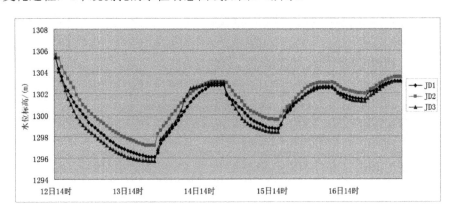

图4-4 观测孔水位动态曲线

由于地下水位下降较大，按非稳定流进行模型识别。模型识别选择2012年7月12日14时至2012年7月17日9时的资料，共115小时。计算过程中，在时间上采用"等步长"的方法，Δt=1小时，共分为115个时段。模型识别的主要数据如表4-10所示。

表4-10　多孔抽水试验模型识别主要数据

时间	2012年7月12日14时～2012年7月17日9时
流场类型	非稳定流
抽水孔	ZL8
抽水量/（m³/h）	11.33～36.96，平均24.45
观测孔	JD1、JD2、JD3孔
拟合观测孔	JD1、JD2、JD3孔
应力期数	1
应力期长度/h	115
时间步长/h	Δt=1

通过调整水文地质参数和边界条件，使计算的水位值与实测的水位值之差最小，以取得最佳拟合效果。根据实际水位观测数据，选择JD1孔、JD2孔和JD3孔3个观测孔的实测水位与计算水位进行拟合。观测孔观测值和计算值的偏离误差。从7月12日14时开始模拟，到7月17日9时结束，共115小时。

通过模型识别，模拟的水位动态曲线与实测的水位动态曲线达到了较好的拟合，两者的动态变化过程比较吻合。通过数据分析可得，观测值与计算值的残差均值为1.01（m），相关系数0.996，在个别天数上观测值与计算值有所偏差，但是在95%置信区间内，说明模型的拟合程度较好。在模拟过程中，没有出现明显的误差累积和扩大的趋势，说明数学模型是可靠的，能够模拟矿区地下水运动规律，其成果可以用于矿井涌水量的预测。

（三）模型识别结果

通过模型的识别和检验，获得含水层的水文地质参数，参数识别分为3个区，水平渗透系数为0.3～0.7m/d，垂向渗透系数为0.03～0.07m/d，贮水率为

$1.5×10^{-7}〜2.3×10^{-7}$，如表4-11所示。

表4-11　参数分区

分区编号	水平渗透系数/（m/d）	垂向渗透系数/（m/d）	贮水率/（1/m）
I	0.7	0.07	$2.3×10^{-7}$
II	0.5	0.05	$1.6×10^{-7}$
III	0.3	0.03	$1.5×10^{-7}$

含水层数值模拟期补给量主要为边界补给量，边界补给量为269.1m³。排泄量主要为抽水点排水量，排泄量为1778.4m³/d，为负的水量均衡，如表4-12所示。

表4-12　数值模拟期含水层水均衡计算

边界补给量/m³		排泄量/m³	
东	445.05	抽水点	1778.4
西	109.25		
南	178.25		
北	-463.45		
合计	269.1	合计	1778.4
均衡差＝补给量－排泄量		-1509.3	

五、矿坑涌水量预测

运用识别后的模型对11采区2#煤顶板直罗组底部砂岩含水层涌水量进行预测，涌水量预测范围为11采区110203、110208工作面。

要求：水位降至2#煤顶板。2#煤顶板标高为850～1180m。

预测方案：在11采区布置8个疏干井，编号为sg1、sg2、sg3、sg4、sg5、sg6、sg7、sg8。由于11采区北部2#煤顶板标高较高，南端较低，水位降深在南端较大，因此设计疏干孔位置主要在11采区中部以及南部布置。涌水量预测分配给每个疏干井的疏干水量为20m³/h。涌水量预测设计3个方案。疏干方案一布置6个疏干井，疏干方案二布置7个疏干井，疏干方案三布置8个疏干井。

预测的疏干水量为2000～3200m³/h，疏干时间400～640天，如表4-13所示。

表4-13　疏干水量预测

方案	疏干井（单井水量20m³/h）	水量/ (m³/h)	时间/d
疏干方案一	疏干井6个：sg1、sg3、sg4、sg5、sg6、sg8	1200	640
疏干方案二	疏干井7个：sg1、sg3、sg4、sg5、sg6、sg7、sg8	1400	520
疏干方案三	疏干井8个：sg1、sg2、sg3、sg4、sg5、sg6、sg7、sg8	1600	400

各方案疏降水位均降至2#煤顶板。

六、煤层顶板涌水量预测

煤层顶板涌水量预测是指开采前未采取预疏放等防治水措施的顶板涌水量预测。根据井田采煤初步设计，运用识别后的模型对11采区110203以及110208工作面2#煤顶板直罗组底部砂岩含水层涌水量进行预测。运用Visual Modflow软件中水均衡计算模块Zone Budget，预测正常涌水量为1400m³/h，最大涌水量为1820m³/h。

第五章 煤矿水文地质工作

煤矿水文地质工作是指煤矿建设和生产过程中所做的水文地质工作，它是煤矿地质工作的重要组成部分，是在勘探阶段水文地质工作的基础上进行的。本章主要从煤矿水文地质勘探和补充勘探两方面来阐述煤矿水文地质工作。

第一节 煤矿水文地质类型划分

表5-1 矿井水文地质类型

分类依据		类　别			
		简单	中等	复杂	极复杂
受采掘破坏或影响的含水层及水体	含水层性质或补给条件	受采掘破坏或影响的孔隙、裂隙、岩溶含水层、补给条件差，补给水源少或极少	受采掘破坏或影响的孔隙、裂隙、岩溶含水层、补给条件一般，有一定的补给水源	受采掘破坏或影响的主要是岩溶含水层，厚层砂砾石含水层、老空水、地表水，其补给条件好，补给水源充沛	受采掘破坏或影响的是岩溶含水层、老空水、地表水，其补给条件很好，补给水源极其充沛，地表泄水条件差
	单位涌水量 $q/L \cdot s^{-1}m^{-1}$	$q \leq 0.1$	$0.1 < q \leq 1.0$	$1.0 < q \leq 5.0$	$q > 5.0$
矿井及周边老空水分布状况		无老空积水	存在少量老空积水，位置、范围、积水量清楚	存在少量老空积水，位置、范围、积水量不清楚	存在大量老空积水，位置、范围、积水量不清楚
矿井涌水量 $/m^3 \cdot h^{-1}$	正常 Q_1 最大 Q_2	$Q_1 \leq 180$（西北地区 $Q_1 \leq 90$）$Q_2 \leq 300$（西北地区 $Q_2 \leq 210$）	$180 < Q_1 \leq 600$（西北地区 $90 < Q_1 \leq 180$）$300 < Q_2 \leq 1200$（西北地区 $210 < Q_2 \leq 600$）	$600 < Q_1 \leq 2100$（西北地区 $180 < Q_1 \leq 1200$）$1200 < Q_2 \leq 3000$（西北地区 $600 < Q_2 \leq 2100$）	$Q_1 > 2100$（西北地区 $Q_1 > 1200$）$Q_2 > 3000$（西北地区 $Q_2 > 2100$）

分类依据	类 别			
突水量 $Q_3/m^3 \cdot h^{-1}$	无	$Q_3 \leqslant 600$	$600 < Q_3 \leqslant 2100$	$Q_3 > 1800$
开采受水害影响程度	采掘工程不受水害影响	矿井偶有突水，采掘工程受水害影响，但不威胁矿井安全	矿井时有突水，采掘、矿井安全受水害威胁	矿井突水频繁，采掘工程、矿井安全受水害严重威胁
防治水工作难易程度	防治水工作简单	防治水工作简单或易于进行	防治水工程量较大，难度较高	防治水工程量大，难度高

根据表5-1的规定，按照受采掘破坏或影响的含水层性质及补给条件、富水性、矿井及周边老窑水分布状况，矿井涌水量、突水量、受水害影响程度和防治水工作难易程度对麦垛山煤矿进行矿井水文地质类型划分。

根据表5-1对麦垛山煤矿进行水文地质类型划分评价和分析如下：

（1）从受采掘破坏或影响的含水层及含水体分析：6煤开采主要影响或破坏的含水层为延安组4～6煤间含水层，含水层补给条件一般，受地表水及大气降水补给量极小，根据目前主水平巷道掘进期间涌水情况，有一定的补给水源，含水层性质或补给条件为中等。根据地质勘探报告水文孔抽水试验资料，2～6煤间含水层单位涌水量 $q = 0.0001 \sim 0.0531 L/s \cdot m$；根据风井井检孔抽水试验资料，单位涌水量 $q = 0.0255 L/s \cdot m$；根据水文地质补勘成果，单位涌水量为 $0.0013 L/s \cdot m$，2～6煤间含水层富水性属弱含水层。

2煤开采主要影响或破坏的含水层为直罗组下段砂岩含水层，含水层为巨厚粗砂岩含水层，局部含砾，补给条件好，具有良好的侧向补给水源，含水层性质或补给条件为复杂。根据地质勘探报告水文孔抽水试验资料，直罗组砂岩含水层单位涌水量 $q = 0.0131 \sim 0.0986 L/s \cdot m$；根据水文地质补勘成果，单位涌水量为 $0.0096 \sim 0.2995 L/s \cdot m$，直罗组下段砂岩含水层富水性属中等。

综合分析，未来3年受采掘破坏或影响的含水层单位涌水量，可将其定为复杂。

（2）从矿井及周边老空水分布状况分析：根据《麦垛山井田煤炭勘探报告》，麦垛山井田内无生产矿井及小窑。井田东部为红柳井田，井田有保护煤柱留设。总之，本井田内开采无老窑积水隐患，井田周边无老空积水。因此在此项指标中，麦垛山煤矿属于简单。

（3）根据麦垛山煤矿矿井涌水量预测成果，未来3年正常涌水量最大值为1617.51m³/h，最大涌水量最大值为2264.51m³/h。本区属于西北地区，因此，根据水文地质类型中涌水量大小的评价指标可知麦垛山煤矿属于极复杂。

（4）根据突水量指标判断，11采区2煤回风巷掘进期间发生过最大水量1000m³/h的突水。因此，按照突水量指标，麦垛山煤矿属于复杂。

（5）开采受水害影响程度分析，矿井生产受顶板水、断层水、离层水和封闭不良钻孔水等多种水害威胁，不仅水害类型多样，而且水文地质条件复杂，因此，按照矿井受水害威胁程度分析，麦垛山煤矿属于极复杂。

（6）从防治水工作难易程度评价，由于麦垛山煤矿防治水工作头绪多、任务重，且存在诸多需要研究解决的难题，因此，矿井防治水工作工程量较大，难度较高。因此，按照该指标分析，麦垛山煤矿属于极复杂。

总之，由于未来3年6煤工作面回采和2煤工作面巷道掘进面临的水害威胁种类多，矿井防治水工程量较大，防治水工作难度较大，因此，矿井水文地质条件为极复杂。

综上所述，按照《煤矿防治水规定》要求水文地质类型划分采用"就高不就低"原则，如表5-2所示，麦垛山煤矿矿井水文地质类型为极复杂。

表5-2 麦垛山煤矿矿井水文地质类型划分表

水文地质类型		简单	中等	复杂	极复杂
受采掘破坏或影响的含水层及水体	含水层性质及补给条件			复杂	
	单位涌水量 $q/(\mathrm{L \cdot s^{-1} \cdot m^{-1}})$		中等		
矿井及周边老空水分布状况		简单			
矿井涌水量/($\mathrm{m^3 \cdot h^{-1}}$)	正常 Q_1				极复杂
	最大 Q_2				
突水量 $Q_3/(\mathrm{m^3 \cdot h^{-1}})$				复杂	
开采受水害影响程度					极复杂
防治水工作难易程度					极复杂

与2013年9月中煤科工集团西安研究院编制的《麦垛山煤矿矿井水文地质类型

划分报告》相比，如表5-3所示，受采掘破坏或影响的含水层及水体中的"含水层性质及补给条件"由中等变为复杂，主要是未来3年受采掘破坏或影响的含水层包括直罗组下段含水层，此含水层性质及补给条件为复杂；根据未来3年矿井涌水量预测结果，矿井涌水量中的正常涌水量和最大涌水量属于极复杂类别；由于11采区2煤回风巷掘进期间发生过最大水量1000m³/h的突水，突水量由简单变为复杂；由于未来3年受采掘破坏和影响的含水层包括直罗组下段含水层，因此，开采受水害影响程度和防治水工作难易程度均由复杂变为极复杂。

表5-3 麦垛山煤矿矿井水文地质类型划分表

水文地质类型		简单	中等	复杂	极复杂
受采掘破坏或影响的含水层及水体	含水层性质及补给条件		中等		
	单位涌水量 $q/(\mathrm{L \cdot s^{-1} \cdot m^{-1}})$		中等		
矿井及周边老空水分布状况		简单			
矿井涌水量/（m³·h⁻¹）	正常 Q_1			复杂	
	最大 Q_2				
突水量 $Q_3/$（m³·h⁻¹）		简单			
开采受水害影响程度				复杂	
防治水工作难易程度				复杂	

第二节 煤矿水文地质勘探

矿井建设生产阶段所进行的水文地质勘探，为煤炭资源勘探阶段水文地质工作的继续和深入，多带有补充勘探的性质。煤矿水文地质勘探的基本任务是，为煤炭工业的规划布局和煤矿建设，以及正常安全生产提供水文地质依据，并为水文地质研究积累资料，它一般应分阶段循序进行。煤矿水文地质勘探是以煤田水文地质勘探为基础并在矿井建设和生产过程中进行的，为矿井建设、采掘、开拓延伸、改扩建提供所需的水文地质资料，并为矿井防治水工作提供水文地质依据。

一、煤矿水文地质勘探范围

矿井有下列情形之一的，应当在井下进行水文地质勘探：

（1）采用地面水文地质勘探难以查清问题，需在井下进行放水试验或者连通（示踪）试验的。

（2）煤层顶、底板有含水（流）砂层或者岩溶含水层，需进行疏水开采试验的。

（3）受地表水体和地形限制或者受开采塌陷影响，地面没有施工条件的。

（4）孔深或者地下水位埋深过大，地面无法进行水文地质试验的。

二、煤矿水文地质勘探的要求

（1）钻孔的各项技术要求、安全措施等钻孔施工设计，经矿井总工程师批准后方可实施。

（2）施工并加固钻机硐室，保证正常的工作条件。

（3）钻机安装牢固。钻孔首先下好孔口管，并进行耐压试验。在正式施工前，安装孔口安全闸阀，以保证控制放水。安全闸阀的抗压能力大于最大水压。在揭露含水层前，安装好孔口防喷装置。

（4）按照设计进行施工，并严格执行施工安全措施。

（5）进行连通试验，不得选用污染水源的示踪剂。

（6）对于停用或者报废的钻孔，及时封堵，并提交封孔报告。

三、煤矿水文地质勘探工程的布置原则

（1）煤矿水文地质勘探工作应结合矿区的具体水文地质条件，针对矿井主要水文地质问题及其水害类型，做到有的放矢。从区域着眼，立足矿区，把煤矿水文地质条件和区队水文地质条件有机地结合起来进行统一、系统的勘探研究，确保区域控制、矿区查明。牢记地下水具有系统性和动态性的特点，实行动态勘探、动态监测和动态分析的煤矿水文地质勘探理念。

（2）在水文地质条件勘探方法的选择上，应坚持重点突出、综合配套的原则。在勘探工程的布置上，应立足于井上下相结合；采区和工作面应以井下勘探为主，配合适量的地面勘探。对区域地下水系统，应以地面勘探为主，配合适量的井下勘探。

（3）无论是地面勘探还是井下勘探，都应把勘探工程的短期试验研究和长期动态监测研究有机地结合起来，达到勘探工程的整体空间控制和长期实践序列控制。应重视水文地质测绘和井上下简易水文地质观测与编录等基础工作，应把煤矿地质工作与水文地质工作有效地结合起来。

（4）地球物理勘探应着重于对地下水系统和构造的宏观控制，钻探应对重点区域进行定量分析并为专门水文地质试验和防治水工程设计提供条件和基础信息。

（5）水文地质勘探工程的布置，应尽量构成对勘探地区地质与水文地质有效控制的剖面，既要控制地下水天然场的补给、径流、排泄条件，又要控制开采后地下水系统与流场可能发生的变化，特别是导水通道的形成与演化。

（6）进行抽放水试验时，主要放水孔宜布置在主要充水含水层的富水段或强径流带。必须有足够的观测孔（点），观测孔布置必须建立在系统整理、研究各勘探资料的基础上，根据试验目的、水文地质分区情况、矿井涌水量计算方案等要求确定。应尽可能利用地质勘探钻孔或人工露头作为观测孔（点）。

四、常用勘探方法

常用勘探方法包括物探、水文地质钻探、钻孔抽水试验、钻孔压水试验、坑道疏干放水试验、连通试验等。

（一）物探

地球物理勘探技术经过多年的发展，其在地质、水文地质探查中的地位和作用越来越明显，越来越重要；加上其方便、快捷的优势，近几年在煤矿防治水领域得到了极大推广和利用。常用方法有：地震勘探（包括二维和三维地震勘探）、瞬变电磁（TEM）探测技术、高密度高分辨率电阻率法探测技术、直流电法探测技术、音频电穿透探测技术、瑞利波探测技术、钻孔雷达探测技术、坑透、地震槽波探测技术。

（二）水文地质钻探

水文地质钻孔的类型有地质及水文地质结合孔、抽水试验孔、水文地质观测孔、探采结合孔、探放水孔。

（三）钻孔抽水试验

抽水试验可以获得含水层的水文地质参数，评价含水层的富水性，确定影响半径和了解地表水与地下水以及不同含水层之间的水力联系。这些资料是查明水文地质条件、评价地下水资源、预测矿坑涌水量和确定疏干排水方案的重要依据。

水文地质试验类型按抽水孔与观测孔的数量可分为单孔抽水试验、多孔抽水试验和群孔抽水试验。按试段含水层的多少可分为分层抽水试验、分段抽水试验和混合抽水试验。

（四）钻孔压水试验

矿山生产中压水试验的主要目的在于测定矿层顶底板岩层及构造破碎带的透水性及变化，为矿山注浆堵水、帷幕截流及划分含水层与隔水层提供依据。

按止水塞堵钻孔的情况，钻孔压水可分为分段压水和结合压水两类。

分段压水：随着钻孔地钻进，自上而下分段进行压水，钻孔结束后自下而上分段进行止水。

结合压水：在钻孔中进行统一压水，试验结果为全孔结合值。

（五）坑道疏干放水试验

（1）水文地质勘探：已进行过水文地质勘探的矿床，在基建过程中发现新的问题，需要进行补充勘探。此时，水泵房已建成，可以把过程布置在坑内，以坑道放水试验代替地面水文地质勘探，计算矿坑涌水量。

（2）生产疏干：以矿床地下水疏干为主要防治水方法；矿床水文地质条件比较复杂时，在疏干工程正式投产前，选择先期开采地段或具有代表性的地段，进行放水试验，了解疏干时间、疏干效果，核实矿坑涌水量。

（六）连通试验

1.连通试验的目的

（1）查明断层段的隔水性。

（2）查明断层段的导水性，证实断层两盘含水层以及断层同一盘的不同含水层之间有无水力联系。

（3）查明地表可疑的泉、井、地表水体、地面潜蚀带等同地下水或矿坑出水点有无水力联系。

（4）查明河床中的明流转暗流的去向及其与矿坑出水点有无水力联系。

（5）检查注浆堵水效果并研究岩溶地下水系的下述问题：①补给范围、补给速度、补给量与相邻地下水系的关系；②径流特征，实测地下水流速、流向、流量；②与地下水源的转化、补给等关系；④确定水文地质参数，为合理布置供水水井提供设计根据；⑤查明渗漏途径、渗漏量及洞穴规模、延伸方向，以及为截流成库、排洪引水等工程提供依据。

2.试验段（点）的选择原则

（1）断层两侧含水层对接相距最近的部位。

（2）根据水文地质调查或勘探资料分析，人为有连通性的地段（点）。

（3）针对专门的需要进行水力连通试验的地段（点）。

第三节　煤矿水文地质补充勘探

煤矿进行水文地质补充勘探时，应当对包括勘探矿区在内的区域地下水系统进行整体分析研究；在煤矿井田以外区域，应当以水文地质测绘调查为主；在煤矿井田以内区域，应当以水文地质物探、钻探和抽（放）水试验等为主。

煤矿水文地质补充勘探工作应当根据煤矿水文地质类型和具体条件，综合运用水文地质补充调查、地球物理勘探、水文地质钻探、抽（放）水试验、水化学和同位素分析、地下水动态观测、采样测试等各种勘查技术手段，积极采用新技

术、新方法。

煤矿水文地质补充勘探应当编制补充勘探设计，经煤矿企业总工程师组织审查后实施。补充勘探设计应当依据充分、目的明确、工程布置针对性强，并充分利用矿井现有条件，做到井上、井下相结合。

一、煤矿水文地质补充勘探的范围

凡属下列情况之一者，必须进行煤矿水文地质补充勘探。

（1）原勘探工程量不足，水文地质条件尚未查清；矿井主要勘探目的层未开展过水文地质勘探工作。

（2）经采掘揭露，水文地质条件比原勘探报告复杂的。

（3）矿井开拓延伸，开采新煤系（组）或扩大井田范围设计需要的。

（4）专门防治水工程提出的特殊要求。

（5）各种井巷工程穿越富水性含水层时，施工需要的。

（6）补充供水须寻找新水源。

（7）经长期开采，水文地质条件已发生较大变化，原勘探报告不能满足生产要求的。

（8）巷道顶板处于特殊地质条件部位或者深部煤层下伏强充水含水层，煤层底板带压，专门防治水工程提出特殊要求的。

二、煤矿水文地质补充勘探的任务

水文地质补充勘探是在水文地质勘探的基础上，进一步查明矿区（井）水文地质条件的重要手段，其任务主要是通过水文地质钻探和水文地质试验（主要是抽水试验、注水试验和连通试验）解决以下5个方面问题：

（1）研究地质和水文地质剖面，确定含水层的层位、厚度、岩性、产状、空隙性（孔隙性、裂隙性、岩溶性），并测定各个含水层的水位（初见水位和静止水位）。

（2）确定含水层在垂直和水平方向上的透水性和含水性的变化。

（3）确定断层的导水性；各个含水层之间、地下水和地表水之间，以及其与井下的水力联系。

（4）求出钻孔涌水量和含水层的渗透系数等水文地质参数。

（5）对不同深度的含水层取水样，分析研究地下水的物理性质和化学成分，对某些岩层采取岩样、土样，测定其物理力学性质。

三、煤矿水文地质补充勘探钻孔的布置原则及要求

为能多快好省地完成上述任务，除根据具体的地质和水文地质条件，正确地选择钻进方法、钻孔结构、组织观测、取样、编录等工作以外，首要的问题就是正确地布置勘探钻孔。

1.布置原则

布置钻孔时，一般应遵循下列原则：

（1）布置在含水层的赋存条件、分布规律、岩性、厚度、含水性、富水性以及其他水文地质条件和参数等不清楚或不够清楚的地段。

（2）布置在断层的位置、性质、破碎情况、充填情况及其导水性不清楚或不够清楚的地段。

（3）布置在隔水层的赋存条件、厚度变化、隔水性能没有掌握或掌握不够的地段。

（4）布置在煤层顶、底板岩层的裂隙及岩溶情况不清楚或不够清楚的地段。

（5）布置在先期开发地段。

（6）根据建设和生产上某项工程的需要布置，如井下放水钻孔、注浆堵水钻孔、导水断裂带观测孔、动态观测孔、检查孔等。

（7）尽可能做到一孔多用，井上下相结合。

2.布置要求

（1）假如是为了确定主要含水层的性质，往往要布置好几个钻孔，这时要将钻孔布置在水文地质条件不同的地段，以便有效地控制含水层的性质。例如，对于单斜岩层，应顺倾向布置钻孔，因为在这个方向上含水层埋藏由浅而深，透水性、富水性随深度变化最显著，地下水的化学成分、化学类型以及水位的变化也

以此方向为最大。这样布置钻孔，对确定主要含水层的性质，能取得最好的资料。同样，对于向斜构造，钻孔应垂直向斜轴，在其轴部及两翼布置，如图5-1所示。

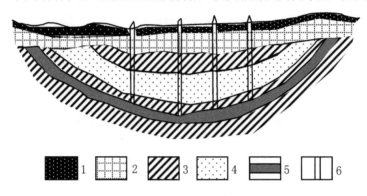

图5-1　主要含水层为向斜构造时钻孔的布置示意图

1—地表；2—沙砾层；3—隔水层；4—砂岩含水层；5—煤层；6—钻孔

（2）为确定断层破碎带的导水性而布置的钻孔，应当通过断层破碎带，最好能通过上、下盘的同一含水层或不同含水层，如图5-2所示，这样在一个钻孔中既能了解到断层带的资料，又可以了解到更多的含水层资料，并且便于确定含水层之间有无水力联系。当断层两侧的含水层有水力联系时，则断层上下盘含水层中的水位、水温、水质都应当相似。

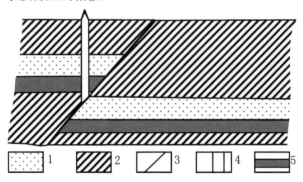

图5-2　断层带钻孔布置示意图

1—含水层；2—隔水层；3—断层；4—钻孔；5—煤层

为了可靠地判定断层两盘含水层的水力联系（这实际上就是断层是否导水的问题），可以在断层一侧的含水层中布置观测孔，而在另一侧的含水层中抽水。如果在抽水过程中，观测孔的水位下降，就确凿地证明二者之间有联系，并证明断层是导水的。显然，如果断层两盘含水层的水位、水温、水质都有显著的差别，则说明断层是不导水的，至少也是导水性很差。

（3）假如使各个含水层发生水力联系的不是断层，而是由于含水层的底板变薄、尖灭或者透水性变好，那么，为查明含水层间的水力联系而布置的钻孔与上述相同，钻孔要通过可能有联系的那些含水层，并观测其水位、水温、水质的变化。必要时，也可以在一层中抽水，在另一层中布置观测孔进行观测。

（4）为查明地表水与地下水之间的水力联系，就要在距地表水远近不同的地段，布置几个孔，然后逐一抽水，抽水时的降深要尽可能大。一般地表水都是低矿化度的重碳酸型水，水温与地下水也不相同，因而可借助于抽水过程中水温、水质和水量的变化，判定是否有地表水流入。但要可靠地确定地表水与地下水的水力联系，则应进行长期观测。

（5）为确定地下水与井下的水力联系，最好将钻孔布置在井下出水点附近的含水层中，然后做连通试验，从钻孔中投入试剂（如食盐、荧光试剂、氯化铵、放射性同位素等），在井下出水点取样测定是否有试剂反应，根据有无试剂反应来确定水力联系情况。

（6）用于查明岩层岩溶化程度的钻孔，要布置在能够控制其变化规律的地段。矿井进行水文地质钻探时，每个钻孔都应当按照勘探设计要求进行单孔设计，包括钻孔结构、孔斜、岩芯采取率、封孔止水要求、终孔直径、终孔层位、简易水文观测、抽水试验、地球物理测井及采样测试、封孔质量、孔口装置和测量标志要求等。

四、煤矿水文地质补充勘探资料的整理

矿井水文地质补充勘探工作结束之后，必须将所收集到的资料进行整理、分析和研究。在此基础上，修改原地质报告或原地质报告中的水文部分，同时修改或补充矿井水文地质图及其他图件。如果经过补充水文地质勘探之后，发现资料与原地质报告出入很大，就必须重新编制煤矿水文地质报告书及相应的水文地质图件。报告书的内容和要求，以及所提出的图件资料，与勘探阶段相同，应尽可能满足矿井建设和生产。

第六章 水害综合分析

煤矿在生产中，经常受到水的威胁，一旦发生透水事故，造成的人员伤亡、经济损失比顶板、瓦斯、运输等类型的事故要大得多，其危害十分严重，而且恢复相当困难。因此做好防治水害的工作，是煤矿安全生产的重要工作之一。

第一节 煤矿水害类型

按水源特征，可把我国矿井水害分为地表水、老窑水、孔隙水、裂隙水和岩溶水五大类。

一、地表水水害

在有地表水体分布的地区，如长年有水的河流、湖泊、水库、塘坝等，因煤矿井下防水煤（岩）柱留设不当，当井下采掘工程发生冒顶或沿断层带坍裂导水时，地表水将大量迅速灌入井下，类似水害事故曾多次发生。而在一些平时甚至长期无水的干河沟或低洼聚水区，多年来平安无事，未引起人们的注意和重视，当突遇山洪暴发，洪水泛滥，会使某些早已隐没不留痕迹的古井筒、隐蔽的岩溶漏斗、浅部采空塌陷裂缝甚至某些封孔不良的钻孔，由于洪水的侵蚀渗流而突然陷落，造成地面洪水大量倒灌井下；也可沿某些强充水含水层的露头强烈渗漏，造成水害事故。在特定条件下，地表水有时可冲毁工业广场，直接从生产井口灌入井下，迫使井下作业人员无法撤出。这种水害往往来势突然且迅猛，一时无法抗拒，可造成重大损失。因此，煤矿生产有一条重要经验，即防水重于排水，防排并治。只有事先做好调查分析，从最坏处着想，做好预防工作，才能真正保证矿井的安全生产。

二、老窑水水害

所谓老窑水是指年代久远且采掘范围不明的老窑积水、矿井周围缺乏准确测绘资料的乱掘小窑积水或矿井本身自掘的废巷采空区积水。这种水贮集在采空区或与采空区相连的煤岩或岩石巷道内，水体的几何形状极不规则，不断推进的生产矿井采掘工程与这种水体的空间关系错综复杂，难以分析判断。而这种水体又十分集中，压力传递迅速，其流动与地表水流相同，不同于含水层中地下水的渗透。采掘工程一旦意外接近便可突然溃出，发生通常所说的"透水"事故。事实表明，老窑积水即使只有几立方米，一旦溃出，也可能造成人员伤亡事故；水量较大的老窑积水则可毁矿伤人。这种水体不但存在于地下水资源丰富的矿区，也可能存在于干旱贫水的煤矿区，是煤矿生产普遍存在的一种水害，曾发生过多次意想不到的水害案例。

三、孔隙水水害

我国大部分煤矿目前主要开采中生代侏罗纪和古生代石炭二叠纪地层中的煤炭。新生代第四系松散孔隙充水含水层甚至第三系充水含水沙砾层往往呈不整合覆盖在这些煤系地层之上。它直接接受大气降水和展布其上的河流、湖泊、水库等地表水体的渗透补给，形成在剖面和平面上结构极其复杂的松散孔隙充水含水体。这些含水体长年累月不断地向其下伏的煤层和煤层顶底板充水含水层以及断层断裂带渗透补给，其水力联系的程度因彼此间接触关系的不同和隔水层厚度及其分布范围的不同而变化。同时还会因各类钻孔封孔质量的好坏，引起水力联系的变化。这些变化往往导致有关充水含水层的渗透性和采空区垮落断裂带的导水强度难以判断，因而采掘工作面往往会发生涌水量突然增大的异常现象，情况严重时就会造成突水淹井事故。在一些特定条件下，甚至可能造成水与流沙同时溃入矿井的恶性事故。

四、裂隙水水害

裂隙水水源为砂岩、砾岩等裂隙含水层的水。这种水害发生在开采北方二叠纪山两组煤层和侏罗纪煤层以及开采南方侏罗纪的煤层中。这些煤层顶部常有厚层砂岩和砾岩，其中裂隙发育，如与上覆第四纪冲积层和下伏奥陶系含水层有水力联系时，可导致大突水事故以及建井时期发生淹井事故。若砂岩层缺乏补给水源时，则涌水很快变小甚至疏干。

五、岩溶水水害

岩溶水水源主要是华北石炭二叠纪煤田的太原群灰岩岩溶水。这种水害以河南、河北、内蒙古、山东、江苏居多。这些地区太原群煤层的顶底板均有灰岩含水层存在，在开采中必然要揭露这些含水层并予以疏干。一般情况下，这些含水层是可以疏干的，但是，当这些灰岩含水层与地表水体或地下水发生水力联系时或被地质构造切割，造成垂向的导水通路和横向与厚层灰岩含水层对接水力联系时，这些含水层的富水性便大大增加。因此，在具有强水源补给和接近导水通道的部位，常发生较大灾害性突水事故。

第二节　产生原因

（1）水文地质情况不清。有时知道有水源，但对其赋存条件及外部补给关系搞不清楚，特别是构造复杂，断层密集，老窑分布面积较大的地区，由于对它们的确切位置和水情不清楚，一旦掘透，就会造成重大灾害。

（2）没有坚持《煤矿防治水规定》的探放水原则，有些领导和作业人员存在麻痹思想，怕麻烦，图省事，缺乏科学务实的态度，对受水威胁比较严重的矿井，不按客观规律和规程办事，不探便盲目掘进（开采），从而造成透水事故。

（3）领导没有牢固树立安全第一思想，只把安全第一挂在嘴上，当安全和生产发生矛盾时，重生产，轻安全，主观臆断，盲目指挥，从而造成突水事故。

（4）工程技术人员和职工素质差。不少煤矿没有专职的水文地质技术人员，现场干部和工人对透水征兆缺乏足够认识，不能及时采取有效措施而发生突水。

（5）防排水工程质量低劣。矿井的防水闸门，长期不检修，突水时不是关不上，就是不起作用，形同虚设。有的矿井挡水墙打在浮杆上，对帮、顶底板不掏槽，即便掏槽也是用爆破法（会产生震动裂隙），不用风镐法，水压稍大就被冲垮。有的水仓淤积不清理，有的工业用水管路跑、冒、滴、漏严重，长期不治理。还有的对低洼处或冒顶处的大量窝水不处理，造成隐患。

（6）小矿越界开采遇大矿采空区而透水。如果大矿采空区无积水，其有害气体也会伤人，或者遇到50年一遇大洪水，小矿井就有可能被淹没而使大矿发生淹井特大事故。

第三节　防治水害建议与措施

水害是煤矿重大灾害之一，近几年来经过整治，虽然有所遏制，但煤矿水害事故仍然时有发生，对国家和个人造成不可弥补的损失。

一、防治水害建议

为了进一步抓好煤矿水害防治工作，从根本上遏制煤矿重大水害事故的发生，各矿对于本矿存在的水害，应制定针对性强、切实可行的综合防范措施。为此，有如下建议：

1.建立健全完善的防治水组织机构，落实防治水责任制

煤矿应该配备主管防治水工作副矿长，配齐防治水工作专职技术人员和工作人员。防治水专职技术人员要具备地质类相关专业学历或经专业培训，熟悉地质与水文地质技术工作。

2.建立完整可靠的防治水技术资料

（1）煤矿应该建立真实准确的井上、下测量图纸资料，测量图纸资料应该由具有资质的测量部门测绘，做到谁测绘谁负责。

（2）煤矿测量图纸上，应该标明井田上部地面河流、积水区等水体，应该标明井下出水点的位置及其水量、含水钻孔、老窑积水范围、标高和积水量。标明临近矿井的采动情况和积水情况。

（3）建立矿区综合水文地质图、矿井充水性图、积水区分布图、水患调查表。

3.加强矿井水文地质基础工作

煤矿要认真编制矿区水害防治规划、年度水害防治计划和水害应急预案，并负责组织实施。保证水害防治的资金、物资、人力等。要采用适合本地区的物探、钻探、化探等先进的综合探测技术，查明矿井水文地质条件；定期收集、调查核对本矿及相邻煤矿的废弃老窑情况，健全矿区地下水动态观测网，为水害防治工作提供翔实、可靠的技术依据。

地方煤炭行业管理部门应当加强对关闭煤矿的监管，及时管理相关水文地质和开采技术资料，并归档备查。

4.建立健全矿井水害预测预报制度

煤矿应该对生产区域的地质构造情况、水害类型等进行预测预报，提出预防处理水害的措施。年有年报，月有月报，遇有隐患及时预报。年初对本年度与安全生产有关的积水区和含水钻孔进行预报。对出现的各种水患及时进行整改。水文地质条件复杂的矿井每月应定期开展水害隐患排查，其他矿井每季度至少开展一次水害隐患的排查。查出的水害隐患，要落实责任，采取切实可行的防治措施。水害防治工程应编制设计、施工方案及安全措施，工程结束后及时进行验收总结。

5.严格管理矿井防隔水煤柱

井田内有与河流、溶洞、地面积水、强含水层等有水力联系的导水断层、裂隙带、导水陷落柱时，必须查清位置，并按规定留设防水煤（岩）柱。相邻矿井的分界处，必须留设防水煤柱。已破坏的防隔水煤柱必须重新建立，严禁在防隔水煤柱中进行采掘活动。

6.加强断层水、底板承压水、溶洞水的超前治理

巷道过导水断层、裂隙（带）、陷落柱等构造地带时，必须探水前进。如果含水丰富，应超前预注浆封堵加固。受底板承压水威胁的矿井，要进行疏水降压，保证安全开采；无法保证安全开采时，必须进行底板加固注浆。受溶洞水威胁的矿井，必须坚持"有疑必探，先探后掘"的原则，落实防范措施后方可进行采掘

活动。

7. 严格控制水体下采掘活动

在水体下或水淹区域积水面以下的煤岩层中进行采掘活动，必须在排尽积水以后进行。如果无法排尽积水，在采掘深度与积水区域有足够的隔离岩柱时，必须进行安全试采、试掘。试采、试掘前，要由具有资质的设计单位编制施工设计，报有关部门审批，试采、试掘时，要设立观测站，观测地表移动与变形，查明垮落带和导水裂隙带的高度以及水文地质条件的变化等情况；试采、试掘结束后，要提出试采、试掘报告，报原审批部门审查，进一步完善安全防范措施。未按有关规定进行安全试采、试掘的一律不得进行生产。

8. 煤矿必须坚持"有疑必探，先探后掘"

井下采掘工程在临近积水区、含水钻孔时，要分析查明积水区域及钻孔的空间位置、积水量和水压，确定探水警戒线，并准确填绘在采掘工程平面图上，编制探放水措施，坚持先探后掘；探放水要由专业人员使用专用探放水钻机进行施工，保证探放水钻孔的超前距离，探放水钻孔必须打中老空气体，并要监视放水全过程，直到老空水放完为止；探放水时，要撤出探放水点位置以下受水害威胁区域的所有人员，发现有突水预兆时，必须立即撤出所有受威胁区域的人员，并采取有效措施，水患消除后方可继续施工。

9. 建立完善的井下排水系统

矿井排水系统应按照《煤矿安全规程》的要求，配备与矿井涌水量相匹配的水仓、水泵、输电线路等设施，确保矿井正常排水，并满足特殊情况下排水需要。涌水量大的矿井或水文地质条件复杂的矿井，井底车场或井下中央泵房应设置防水闸门等防水工程。

10. 加强矿井的雨季"三防"工作

认真编制雨季"三防"工作计划和实施方案，成立雨季"三防"领导小组，组织抢险队伍，储备足够数量的抢险物资；雨季前，要对矿井排水设备和供电设施进行一次全面检修，清挖水仓、水沟和沉淀池，开展一次联合排水试验。煤矿位于地表河流、山洪部位、水库等附近，井口、工业广场要修筑堤坝、开挖沟渠等截留措施，防止地表水体倒灌矿井。为防雨水渗入井下，在矿区内采取填坑、补凹等整平地表等措施。地表水体、采煤塌陷区、煤系地层露头等部位有漏水现象时，要对漏水的水体基底进行防漏加固处理。为防止雨季淹井事故发生，井口标高必须高于当地历史最高洪水位，或修筑坚实的高台。

11. 严禁超层越界和非法开采行为

超层越界和非法开采是导致水害事故的重要原因之一。煤矿安全监管、检查部门要协同国土资源、行业管理部门定期组织开展联合执法活动，严肃查处煤矿超层越界和非法开采活动。督促煤矿企业绘制真实可靠的井上下采掘工程平面图，为煤矿水害防治和应急救援工作提供真实可靠的基础资料。煤矿企业应定期向有关部门提供真实的采掘工程平面图。

12. 加强煤矿水害防治监管工作

各级煤矿安全监管部门要认真履行对煤矿水害的日常监管工作，对辖区内重大水害隐患要登记建档，重点跟踪落实隐患整治情况，督促煤矿认真落实水害防治责任制。督促煤矿成立雨季"三防"领导机构、落实防汛物资、进行矿井联合排水试验。

13. 加强水害应急救援工作

产煤地区县级以上地方人民政府要完善水害应急预案，配备能够满足抢险救灾的各种排水设备和专业抢险队伍，确保抢险救灾时能够及时到位，并发挥作用。

14. 加强煤矿职工安全培训和教育

煤矿企业要结合典型水害案例分析，加强对职工水害防治知识的培训和教育，提高安全生产技能和综合素质。加强应急预案的演练，使职工掌握逃生的路线。特别是要让职工牢记：当发现井下有突水征兆时，必须停止作业，立即撤到安全地点，并及时报告调度室。煤矿安全管理人员及相关岗位必须经培训持证上岗。

二、防治水措施

矿井水的防治是为了防止水害事故的发生，保证矿井建设和生产的安全，减少矿井正常涌水量及降低生产成本，使国家煤炭资源得到充分合理的回收。

矿井水灾是矿山建设和生产中的主要灾害之一。它不仅严重破坏矿井的正常建设和生产，而且还威胁人员的生命安全。在矿井水灾中，以矿井透水事故发生最多，后果最为严重。矿井透水是在采掘工作面与地表水或地下水相沟通时突然发生大量涌水，造成淹井巷事故。另外，泥石流对山区矿山也会造成严重的威胁。泥石流是一种挟带大量泥沙、石块的特殊洪流，具有强大的破坏力。

（一）一般防治水措施

（1）从预防做起，必须首先提高工作人员的意识水平，对下井工作人员进行培训，让他们了解一些基本的判断突水前兆的方法。掘进工作面或其他地点突水前，一般都有以下预兆：挂红、挂汗、煤壁变冷、出现雾气、水叫、顶板淋水加大、顶板来压、底板鼓起、水色发深有臭味、工作面有害气体增加、裂隙出现渗水等。当发现上述突水预兆时，必须停止作业，判断情况，向矿有关部门或领导报告。如果情况紧急，必须立即发出警报，撤出所有受水威胁所在地的人员。

（2）加强水位（压）观测，在顶板含水层中布置一定密度的水位（压）观测点，以井下观测为主，在地表适当布置，系统观测地下水水位动态变化。根据实际情况建立好水仓、泵房及排水管道等措施，并选取扬程和排量适当的水泵，其台数和排水能力必须符合《煤矿安全生产规程》的有关规定，满足同时有运转、备用和检修的水泵的条件。排水能力应超过矿井的最大预测涌水量，并建立起通畅的疏排水系统，必要时在必要部位安设防水闸门。

（3）工作面开采前进行井下物探工作，对采掘工作面以及断层实施水文地质条件超前探查，查明富水区，并采取相应疏放水措施，有针对性地进行疏放水。

（4）工作面回采过程中，应采取原有水文资料、工作面富水性探测资料的静态分析和工作面回采推进情况、含水层水位资料动态观测相结合的方式，进行工作面突水的预测预报工作，以提高工作质量，更好地指导回采。采取有疑必探，先探后掘的原则，根据探测结果制定针对性措施。

（5）对断层发育的区域，首先探明断层的位置、产状和规模、断层带宽度、充填物、充填程度、胶结物岩溶发育程度以及富水性及断层两盘对接部位岩性及富水性。断层被巷道揭露或穿过，暂时没有出现出水现象，如果隔水层厚度及水压处于临界状态，容易产生延迟突水，这种延迟突水在华北型煤田中已经发生过，因此要注意防范。

（6）对于11采区断层的发育部位、端点、交叉点以及阻水断层一侧，相对发生大量涌水乃至突水的可能性较大，都是容易突水的位置，必须加强探测，采取合理留设防水煤（岩）柱、注浆加固等措施。

（7）为防止封闭不良的废弃钻孔突水，各类有可能与含水层或可能给矿井造成灾害的水体导通的钻孔都必须用水泥封孔，填写封孔报告书并建立台账。使用中的钻孔，必须安装孔口盖，报废的钻孔必须查阅区内及周围的封孔情况。

（8）加强地下水动态观测，尽快建立健全的地下水位观测系统。在矿区进行地下水位动态观测是掌握地下水动态特征，从而判断其与大气降水、地表水体之间以及各含水层之间的水力联系；判断突水水源预测水害；分析地下水的疏干状况以及同矿井开采面积、深度等，为防治水害和利用地下水资源服务。

（9）井下发现突水预兆时立即撤出，并查明涌（突）水原因，及时与受水害威胁的相邻地点联系，做好区域综合治理水害和保证工作人员安全。

（10）在探查煤层顶板富水区的前提下，为减少顶板水对回采的影响，探明工作面顶板上方岩层赋水情况，可对煤层顶板上覆含水层在富水性比较强的地段采用提前注浆，改变含水层的渗透性；提前抽水降压，适当改变开采方法，比如在开采工作面内留设多个防水煤（岩）柱分带开采以降低冒落带发育高度等，从而降低由于顶板垮落引起顶板水集中涌入工作面的峰值强度，清除或减弱工作面回采时顶板水对开采的威胁。

（11）对于多煤层开采，随着时间的延长，会存在一定数量的老空区，若一旦触及富含水的老空区，就会造成巨大经济损失，因此要认真分析老空区积水的调查资料，根据具体情况制定合理有效的防治对策。

（12）完善矿井防治水组织机构及各岗位职责，采取各种方式提高防治水技术水平和管理水平。

（13）加强防治水人才队伍建设，矿井各层次的防治水工作的宣传和安全培训工作。井下职工均要熟悉透水前各种预兆，发现透水危害及时汇报并采取应急处理措施。

（14）定期清理水仓，水仓有效容积不小于50%，检修好运转水泵、备用水泵和排水管线，及时清理水沟，使设备处于完好备用状态。

（15）地测技术人员及时提供准确的水文地质资料，协助设计人员搞好工作面采区排水、探放水设计。

（二）专门防治水措施

（1）加强井下探放水。由于勘探区附近存在富水含水层，当采掘工作面接近这些水体时，就可能造成地下水突然涌入矿井的事故。为了消除这些隐患，在生产中坚持"预测预报，有疑必探，先探后掘，先治后采"的原则，对接近含水层、采掘工作面出现异常时，都要按照该原则，使用探放水的方法，坚持进行探放水工作，探明工作面前方的水情，然后将水有控制地放出来，以保证采掘工作的安全，必要时需留设足够的防隔水煤柱。

（2）坚决疏排，降低顶板水位到安全开采范围以内。提前分阶段、多钻孔、长时间疏放水，实现安全疏干。

（3）在矿井巷道掘进和回采之前，应建设好井下排水和防水系统。排水能力设计依据三维数值模拟预测矿井正常涌水量和最大涌水量。

在采掘过程中，不能只注意到直接含水层的富水性，对间接含水层也要做相应的防治水措施。

（1）防止地表水以及大气降水的入渗。充分调查该处地形、地貌条件，掌握含水层出露及隐伏情况，正确确定地表分水岭、含水层补给区，充分利用当地气象资料，根据大气降雨规律及降雨强度，比较准确地预测防（排）沟渠、堤坝、桥涵的瞬时流量，设计地表水的防治水工程，如在地表河流或者沟壑低洼地带修筑防渗工事，导出因大气降水所形成的地面积水。

（2）注意进行实时监测，时刻注意水量变化情况，充分做好矿井水害的防治工作。

（3）生产中时刻关注回采工作面情况、涌水量变化和含水层的水位变化，发现异常及时上报。

（4）对接近局部富水区段采取抽放水，对隔水层进行注浆加固和含水层注浆改造相结合的措施，降低含水层的渗透性，增加有效隔水层厚度，隔断连接充水水源与矿井之间的导水通道。必要时预留防水煤柱。

开采时也应该采取一些预防措施，以防突水发生。

（1）建议生产中时刻关注回采工作面情况、涌水量变化和含水层水位变化，发现异常及时上报。

（2）应用地球物理勘探、钻探手段在生产中超前探水，探查工作面范围隔水层薄弱地段、潜在导水通道，并查明其富水性及导水性。

第七章　煤矿水害的预测与应急救援

矿井水灾的预测是指矿井在开采前，根据地质勘探的水文地质资料及专门进行的水害探测和调查资料，确定矿井水害的危险程度，并编制水灾预测图，依此，制定矿井开采的最佳方案，以避免或减少开采时矿井危害。对生产矿井，则需要根据矿井水害的实际情况对矿井水害预测图进行修正，并进一步制定矿井水害的预防措施。

第一节　水害预测

一、矿井水害危险程度的确定

（一）用突水系数来确定矿井水害危险程度

突水系数是含水层中的静水压力 P 与隔水层厚度 M 的比值，可用下式表示：

$$k = \frac{P}{M}$$

式中：K—突水系数，MPa/m。

上式的物理意义是单位厚度隔水层所能承受的极限水压值。

我国许多矿区都总结出适用于本区的经验数值，表7-1以此作为采掘中底板可能突水的指标。

表7-1　某些矿区突水系数

矿区	峰峰	焦作	淄博	井陉
突水系数 K	64.7~74.6	58.9~98.1	58.9~137.3	58.9~147.2

但上式仅考虑隔水层厚度，实际上隔水层是由各种不同强度和不同抗水性能的岩石组成。匈牙利等国在利用上式时，以泥岩抗水压的能力为标准隔水层厚度（即以泥岩为1，相当于1m厚完整的泥岩能抗49kPa的水压），将其他不同岩性的岩石换算成泥岩厚度，称换算后岩层的厚度为等值厚度，换算数值列于表7-2中。

表7-2　岩石等效系数

岩石名称	换算系数
泥岩、钙质泥岩、泥灰岩、铝土、黏土、断层泥	1.0
未岩溶化的淡水灰岩、灰岩	1.3
砂页岩	0.8
褐煤	0.7
砂岩（渐新世）	0.4
沙砾岩、岩溶化石灰岩、泥岩、开采区松动带	0.6

煤炭科学研究总院西安分院以砂岩为单位，砂岩每米厚的岩石强度为981kPa，则对于每米厚的其他岩石强度，如砂质岩为687kPa，其比值为0.7；铝土质岩为491kPa，其比值为0.5；断层带岩石为343kPa，其比值为0.35。用此系数换算为等效厚度的各种岩石。

如果再考虑因采矿过程造成底板的破坏因素，可用下面经验公式计算突水系数 T：

$$T = \frac{P}{M - C_p}$$

式中：C_p——因采矿过程造成底板破坏导水厚度，m。

（二）按水文地质的影响因素来确定矿井水害危险程度

该方法是按水文地质的复杂程度根据4个最不利的水文地质因素将矿区的水害程度划分为5个等级。同时，对每个不利的水文地质因素按其危险等级不同，规定了几种危险数值。如美国汉拉矿区根据矿层上覆砂岩厚度、矿层距砂岩层的距离、断裂带落差以及顶板静水压力4个水文地质因素计算危险值，依此把矿层突水危险划分成5个等级：Ⅰ级危险指数为0～1；Ⅱ级为10～20；Ⅲ级为20～30；Ⅳ级为30～40；Ⅴ级为大于40。

二、矿井水害预测图的编制

矿井水害预测图有以下两种编制方法：

一种是根据地质钻孔所取得的隔水层厚度，编制出煤层顶、底板隔水层厚度等值线图；并按原始或长期水位观测资料，确定矿区各地段的水压值，参照已开发矿区类似条件的某些参数值，用上式计算开采水平的突水系数或破坏程度，编制相应比例尺的简单突水预测图。

另一种是根据观测和调查的水文地质资料，按4个最不利的水文地质因素计算危险值再累计危险指数。

应用矿井水害预测图有利于制定矿井防治水规划及防治水害的措施，加强对水害危险区域的监测，保证矿井安全生产。

三、矿井水灾的预报

每个矿井必须做好水害分析预报工作，超前探水是最好的水灾预报手段。

另外，采掘工作面透水前，一般都会出现一些预兆，根据这些预兆，做出水害的预报，及时采取预防措施，防止水灾事故的发生。

（一）一般预兆

（1）煤层变潮湿、松软、发暗；煤层出现滴水、淋水现象，且淋水由小变大；有时煤层出现铁锈色水迹；煤层本来是干燥的，由于水的渗入，变得潮湿、发暗，如果挖去一层，还是如此，说明附近有积水。

（2）工作面气温降低、变冷、出现雾气、有硫化氢气味或臭鸡蛋味；工作面有害气体增加，一般从积水区散发出来的气体是瓦斯、二氧化碳、硫化氢等；水的酸度大，味发涩。

（3）有时可听到水的"嘶嘶"声。

（4）矿压增大，发生片帮、冒顶及底鼓。

（5）巷道壁或煤层壁"挂汗""挂红"。顶板"挂汗"多呈尖形水珠，有

"承压欲滴"之势，这可以区别自燃征兆中的"挂汗"，后者常是平形水珠，为蒸汽凝结于顶板所致。

（6）顶板淋水加大，犹如落雨状，且伴有顶板来压。

（二）工作面底板灰岩含水层突水预兆

（1）工作面压力增大，底板鼓起，底鼓量有时可达500mm以上。

（2）工作面底板产生裂隙，并逐渐增大。

（3）沿裂隙或煤帮向外渗水，随着裂隙的增大，水量增加，当底板渗水量增大到一定程度时，煤帮渗水可能停止，此时水色时清时浊（底板活动时水变浑浊、底板稳定时水色变清）。

（4）底板发生"底爆"，伴有巨响，地下水大量涌出，水色呈乳白色或黄色。

（三）松散孔隙含水层突水预兆

（1）突水部位发潮、滴水且滴水现象逐渐增大，仔细观察可以发现水中含有少量细砂。

（2）底板破裂，沿裂缝有高压水喷出，并伴有"嘶嘶"声或刺耳水声；出现压力水流。

（3）发生局部冒顶，水量突增并出现流沙，流沙常呈间歇性，水色时清时浑。总的趋势是水量、沙量增加，直至流沙大量涌出。

（4）顶板发生溃水、溃沙，这种现象可能影响到地表，致使地表出现塌陷坑。

第二节　水害应急救援

水害的发生会给煤矿企业造成巨大的损失，主要包括经济损失、煤矿工作日损失以及人员伤亡，而且和火、瓦斯、冒顶等煤矿灾害相比，水害的危害性最大。由于我国煤矿在运营机制与管理技术上尚处于初始阶段，煤矿生产又具有随机性和突发性的特点，所以人们无法准确地预测煤矿水灾害会于何时何地或何种条件下发生，而水害发生后如缺乏有效的应急救援体系又将会导致事故的进一步扩大。这一切均警示了煤矿安全生产的严峻形势和完善煤矿水灾害应急救援预案水平的迫切性和必要性。

从以往众多煤矿水害可以看出，由于对煤矿伤亡事故及其灾害估计不足，对可能发生的灾害没有预先拟定应急处理方案，使得水害没有得到有效控制。发生事故后，由于未能及时、恰当处理，导致事故变得严重。所以，煤矿企业强化安全管理，就必须建立应急救援预案，并采取一切有效措施，将水害对人员和财产的损失降到最低程度。

煤矿水害应急救援预案是以企业应急救援理论为指导，针对煤矿企业生产中可能出现的各种水害因素提出的一项非常复杂的系统工程，需要安全、工程技术、组织管理、医疗急救等多方面专业人才或专家参与。它通过事前计划和应急措施，充分利用一切可能的力量，在煤矿水灾害发生后，迅速控制灾害发展并尽可能排除，以期提高煤矿水灾害应急救援的效率，降低煤矿水灾害救援的成本。

一、煤矿水灾害危险源的辨识

把认识系统中存在的危险并确定其特征的过程称之为危险源辨识。辨识是应对危险的第一步，是有效控制事故发生的基础。辨识包括给出恰如其分的危险源的定义及用合理的辨识标准来确认系统中存在的危险源。

（一）危险因素的调查

井下危险因素的调查是井下危险源辨识的基础工作，所以调查工作一定要全面、细致和科学。通常为了区别客体对人体不利作用的特点和效果，将触发危险的因素分为危险因素（强调突发性和瞬间作用）和危害因素（强调在一定时间范围内的累积作用）。有时对两者不加区分，统称危险因素。危险因素和危害因素的表现形式不同，但从事故发生的本质讲，均可归结为能量的意外释放或有害物质的泄露及散佚，有危险危害因素的地方就可以看成一个危险源。

（二）危险因素的调查内容

煤矿水灾害包含透水（含地表水灾）等危害。在开展调查工作之前，首先要确定所要调查的系统，这个系统可以是一个企业，也可以是具体的生产单元或工艺系统。由于煤矿井下生产条件复杂，为简化辨识工作，抓住重点，在危险源辨识过程中，按照井下生产流程进行危害辨识，将整个井下生产系统分为采掘系统、运输提升系统、通风系统、供电系统、排水系统及辅助作业系统等危险辨识单元。调查辨识过程中，应坚持"横向到底、不留死角"的原则，对以上系统中的危险地质构造场所等进行重点辨识。

（三）危险因素的调查方法

为了调查工作的简便和全面，根据煤矿井下生产特点和危险因素存在的情况，可采用以下7种方法进行调查。

（1）现场观察法：通过对工作环境的现场观察，可发现存在的危险。从事现场观察的人员，要求具有安全技术知识和掌握完善的职业健康安全法规、标准。

（2）安全检查表法：运用煤矿生产单位已编制好的安全检查表，进行系统的安全检查，可辨识出生产中存在的危险因素。

（3）问卷调查法：要求被调查井下生产系统内的作业人员，根据本岗位的设备情况、操作情况、自身素质情况、作业环境及操作规程的完善情况，找出本岗位的危险因素。

（4）查阅生产单位的事故、职业病的记录及从有关类似单位、文献资料、专家咨询等方面获取有关危险信息，加以分析研究，辨识出系统中存在的危险因素。

（5）标准对照法：依据国内外相关法规和标准及煤矿生产安全性评价标准，对系统内的安全管理、机械设备、电气设备、作业环境及人员状况进行检查评价，找出不符合项。

（6）工作任务分析：通过分析工作任务中所涉及的危害，识别出有关的危险因素。

（7）事故频次法：在总结系统内事故教训的基础上，对已发生事故的设施、事故的防范措施及再次发生事故的可能性进行调查。对事故频次较高（1次/年）

的情况进行统计。

上述7种危险辨识方法从切入点和分析过程上，都有各自的特点，也有各自的适用范围或局限性。所以，在辨识危险源的过程中，使用单一方法还不足以全面识别其所存在的危险源，必须综合地运用两种以上的方法。

（四）危险源辨识的依据

煤矿水灾害危险源是其发生灾害的内因，而任何系统的运行都离不开能量，如果能量失控发生意外的释放，就会转化为破坏性力量，可能导致系统发生事故，造成破坏性后果。因此，能量失控是煤矿水灾害发生的主要原因。

能量失控转为破坏力的过程一般有化学和物理两种模式。通过化学模式形成的危险性是由于化学物质间的反应产生的能量失控，可能造成火灾和爆炸的后果而形成的。而物理模式危险产生的破坏力与化学模式不同，它在正常状态下就以物理能的状态出现。物理能可以位能的形式（如高处的物体、高压气体等）出现，也可以动能的形式（如同岩压力、运行中的机械等）出现。正常情况下，物理能受到控制，做有用功；反之，失去控制，成为破坏力。物理模式的危险主要有物理爆炸、机械失控、电气失控等。

根据能量意外释放引发事故理论，考虑到我国安全生产的相关法律法规，借鉴其他行业危险源辨识依据，归纳出煤矿水灾害危险源的辨识依据为地质危险性，包括特殊地质构造如断层、岩溶、含水陷落柱、采空区、老空区等的地质资料及安全技术要求等。

综上所述，煤矿重大水灾害危险源有：①老空水。②底板受构造破坏块段（突水系数大于0.06）。正常块段突水系数大于0.1的采煤工作面，实际含水层厚度小于安全隔水层厚度的掘进工作面。③采掘工作面在导水断层、导水陷落柱、导水钻孔、含水层、灌浆区等附近开采。④采掘工作面接近煤层露头进行上限开采或水体下开采。⑤雨季受水威胁的矿井无防治水措施，相邻矿井未按规定留设防隔水煤（岩）柱等。

（五）水灾害危险评价与分级

制定相关灾害应急救援预案时，应全面评价煤矿相关灾害的危险性。这不仅有利于应急资源的合理调配，也有利于煤矿系统风险的有效控制。危险评价方法主要有定性、定量或半定量三大类。定性评价方法有安全检查表法、预先危险性评价法（PHA）、故障模式和效应分析法（FMEA）、危险可操作性研究法、事件树分析法（ETA）、事故树分析法以及事故因果图分析法；半定量评价法包括概率风险评价法（LEC）、打分的检查表法、MES 法等；定量分析法有 BP 神经网络的风险性评价法、模糊评价法和系统综合评价法等。

二、煤矿水灾应急救援预案的编制

（一）应急救援预案编制的目的

煤矿水灾害应急救援预案编制的目的，就是通过事前计划和应急措施，在煤矿发生重大水灾之后，迅速控制水灾发展并尽可能排除水灾，保护现场人员和场外人员的安全。这不仅将水灾对人员、财产和环境造成的损失降至最低程度且能有效提高应急行动的效率。

（二）应急救援预案编制的要求

煤矿水灾应急救援应在预防为主的前提下，贯彻统一指挥、分级负责、区域为主、煤矿自救与社会救援相结合的原则。按照分类、分级制定预案内容，上一级预案的编制应以下一级预案为基础。

预案编制应体现科学性、实用性、权威性的编制要求。在全面调查基础上，实行领导与专家相结合的方式，开展科学分析和论证，制定出严密、统一、完整的煤矿水灾应急救援方案；煤矿水灾应急救援方案应符合本矿的客观实际情况，具有实用性，便于操作，起到准确、迅速控制水情的作用；预案应明确救援工作的管理体系，救援行动的组织指挥权限和各级救援组织的职责、任务等一系列的行政管理规定，保证救援工作的统一指挥，制定的预案经相应级别、相应管理部门的批准后实施。

预案在编制和实施过程中不能损害相邻单位利益。如有必要可将本矿的预案情况通知相关地域，以便在发生重大水灾害时能取得相互支援。预案编制要有充分依据，要根据煤矿危险源辨识、风险评价、煤矿安全现状评价、应急准备与响应能力评估等方面调查、分析的结果展开，同时要对预案本身在实施过程中可能带来的风险进行评价。

切实做好预案编制的组织保障工作。煤矿水灾害应急救援预案的编制需要安全、工程技术、组织管理、医疗急救等各方面的专业人员或专家组成，他们应熟悉所负责的各项内容。

预案要形成一个完整的文件体系，应包括总预案、程序、说明书（指导书）、记录（应急行动的记录）的四级文件体系。

预案编制完成后要认真履行审核、批准、发布、实施、评审、修改等管理程序。

（三）应急救援预案的编制步骤

煤矿水灾害应急救援预案的编制可分为以下6个步骤，如图7-1所示：①成立预案编制小组；②辨识可信水灾害和代表性水灾害；③危险分析和应急能力评估；④应急救援预案的编制；⑤应急救援预案的评审与发布；⑥应急救援预案的实施。

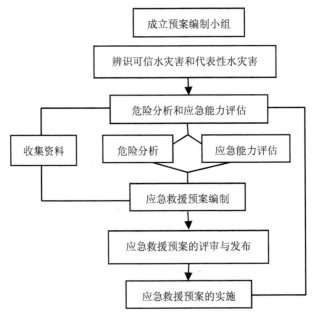

图7-1　预案编制流程图

1.成立预案编制小组

煤矿水灾害应急救援行动涉及不同部门、不同专业领域的应急各方，需要他们在相互信任、相互了解的基础上进行密切的配合。因此，应急救援预案的成功编制需要煤矿各个相关职能部门和有关各方的积极参与，并达成一致意见，尤其是应寻求与危险直接相关的各方进行协作。

成立煤矿水灾害应急救援预案编制小组是将企业各有关职能部门、各类专业技术有效结合起来的最佳方式，可有效地保证应急救援预案的准确性和完整性，而且为煤矿水灾害应急各方提供一个非常重要的协作与交流机会，有利于统一应急各方的观点和意见。

依据煤矿水灾害危害程度的级别，设置分级应急救援组织机构。组成人员应包括主要负责人、现场指挥人及有关管理人员。主要职责为：①组织制定煤矿水灾害应急救援预案；②负责人员、资源配置，应急队伍的调动；③确定现场指挥人员；④协调水灾害现场有关工作；⑤批准本预案的启动与终止；⑥水灾害状态下各级人员的职责；⑦煤矿水灾害信息的上报工作；⑧接受集团公司的指令和调动；⑨组织应急救援预案的演练；⑩负责保护水灾害现场及相关数据。

预案编制小组的成员确定后，必须确定小组领导，明确编制计划，保证整个预案编制工作的组织实施。

2.辨识可信水灾害和代表性水灾害

煤矿水灾害的原因事件、中间事件以及潜在水灾害是复杂多样的。在编制应急救援预案时，如果将这些因素都作为考虑的要素，不仅会影响制定预案的效果，而且也会干扰水灾害的预防。

3.危险分析和应急能力评估

1）危险分析

危险分析是应急救援预案编制的基础和关键过程。危险分析的结果不仅有助于确定需要重点考虑的危险、提供划分预案编制优先级别的依据，而且也为应急救援预案的编制、应急准备和应急响应提供必要的信息和资料。

危险分析包括危险识别、脆弱性分析和风险分析。

（1）危险识别。

要调查所有的危险并进行详细的分析是不可能的，危险识别的目的是要将煤矿中可能存在的重大危险因素识别出来，作为下一步危险分析的对象。危险识别应分析本矿所处地区的地理、气象等自然条件，总结本矿历史上曾经发生的重大水灾害，识别出可能发生的灾害。危险识别还应符合国家有关法律法规和标准的要求。

危险分析结果应提供以下内容：①地理、人文（包括人口分布）、地质、气象等信息；②煤矿功能布局（包括主要目标）及交通情况；③重大危险源分布情况以及水量大小及层位；④重大水灾害类别及对周边的后果分析；⑤特定时段、季节影响（如人流高峰期、度假季节等）；⑥可能影响应急救援的不利因素。

（2）脆弱性分析。

脆弱性分析要确定的是：一旦发生水灾害，矿井中哪些地方容易受到破坏。脆弱性分析结果应提供下列信息：受水灾害严重影响的区域以及该区域的影响因素（如地形、水位等）；预计位于脆弱带中的人员数量；可能遭受的财产破坏以及可能的环境影响。

（3）风险分析。

风险分析是根据脆弱性分析的结果，评估水灾害发生时对煤矿造成破坏（或伤害）的可能性，以及可能导致的实际破坏（或伤害）的程度，通常可能会选择对最坏的情况进行分析。

风险分析可以提供下列信息：发生水灾害和环境异常（如洪涝）或同时发生多种紧急事故的可能性；对人造成的伤害类型（急性、延时或慢性的）和相关的高危人群；对财产造成的破坏类型（暂时、可修复或永久的）；对环境造成的破坏类型（可恢复或永久的）。

要做到准确分析水灾害发生的可能性是不太现实的，一般不必过度地将精力集中到对水灾害发生的可能性进行精确的定量分析上，可以用相对性的词汇（如低、中、高）来描述发生水灾害的可能性，但关键是要在充分利用现有数据和技术的基础上进行合理的评估。

2）应急能力评估

依据危险分析的结果，对已有的应急资源和应急能力进行评估，包括煤矿应急资源的评估和企业应急资源的评估，从而明确应急救援的需求和不足。应急资源包括应急人员、应急设施和装备、物资等；应急能力包括人员的技术、经验和接受的培训等。应急资源和能力将直接影响应急行动的快速、有效性。制定预案时应当在评价与潜在危险相适应的应急资源和能力的基础上，选择最现实、最有效的应急策略。

4.应急救援预案的编制

应急救援预案的编制必须基于煤矿水灾害风险的分析结果、煤矿应急资源的需求和现状以及有关的法律法规要求。此外，编制预案时应充分收集和参见已有的应急救援预案，尽可能地减小工作量和避免应急救援预案的重复和交叉，并确保与其他相关应急救援预案的协调和一致性。

预案编制小组在设计应急救援预案编制格式时则应充分考虑：

（1）合理组织。应合理地组织预案的章节，以便每个读者都能快速地查找到各自所需要的信息，避免从一堆不相关的信息中去查找。

（2）连续性。保证应急救援预案每个章节及其组成部分在内容上的相互衔接，避免内容出现明显的位置不当。

（3）一致性。保证应急救援预案的每个部分都采用相似的逻辑结构。

（4）兼容性。应急救援预案应尽量采取与上级机构一致的格式，以便各级应急救援预案能更好地协调和对应。

5.应急救援预案的评审与发布

1）应急救援预案的评审

为了确保应急救援预案的科学性、合理性以及与实际情况的符合性，预案编制单位或管理部门应依据我国有关应急的方针、政策、法律、法规、规章、标准和其他有关应急救援预案编制的指南性文件与评审检查表，组织开展预案评审工作，取得政府有关部门和应急机构的认可。应急救援预案的评审包括内部评审和外部评审两类。

（1）内部评审。

内部评审是指编制小组成员内部实施的评审。应急救援预案管理部门应要求预案编制单位在预案初稿编写工作完成后，组织编写成员内部对其进行评审，保证预案语言简洁通畅、内容完整。

（2）外部评审。

外部评审是由本矿或外矿同级机构、上级机构、社区公众及有关政府部门实施的评审。外部评审的主要作用是确保预案被相关各阶层接受。根据评审人员的不同，也可分为同级评审、上级评审和政府评审。

2）应急救援预案的发布

煤矿水灾害应急救援预案经政府评审通过后，应由煤矿矿长签署发布，并报送上级政府有关部门和应急机构备案。

6.应急救援预案的实施

实施应急救援预案是煤矿应急管理工作的重要环节。应急救援预案经批准发布后，煤矿所有应急机构应进行以下工作：

（1）应急救援预案宣传、教育和培训。

各应急机构应广泛宣传应急救援预案，使大家了解应急救援预案中的有关内容。同时，积极组织应急救援预案培训工作，使各类应急人员熟悉或了解预案中与其承担职责和任务相关的工作程序、标准等内容。

（2）应急资源的定期检查落实。

应急机构应根据应急救援预案的要求，定期检查落实本部门应急人员准备状况，识别额外的应急资源需求，保持所有应急资源的可用状态。

（3）应急演习和培训。

各应急机构应积极参加应急演习和培训工作，及时发现应急救援预案、工作程序和应急资源准备中的缺陷与不足，分清相关机构和人员的职责，改善不同机构和人员之间的协调问题，检验应急人员对应急救援预案、程序的了解程度和操作技能，评估应急培训效果，分析培训需求，并促进公众、媒体对应急救援预案的理解，争取他们对应急工作的支持，使应急救援预案有机地融入煤矿安全保障工作中，真正将应急救援预案的要求落到实处。

（4）应急救援预案的实践。

各应急机构应在水灾害应急的实际工作中，积极运用应急救援预案开展应急决策，指挥和控制相关机构和人员的应急行动，从实践中检验应急救援预案的实用性，检验各应急机构之间协调能力和应急人员的实际操作技能，发现应急救援预案、工作程序、应急资源准备中的缺陷和不足，以便修订、更新相关的应急救援预案和工作程序。

（5）应急救援预案的信息化。

应急救援预案的信息化将使应急救援预案更易于管理和查询。在预案实施过程中，应考虑充分利用现代计算机及信息技术，实现应急救援预案的信息化，尤其是应急救援预案的支持附件包含了大量的信息和数据，是应急救援预案信息化的主体内容，将为应急工作发挥重要的支持作用。

（6）水灾害回顾。

应急救援预案管理部门应积极收集本煤矿或其他各类水灾害应急的有关信息，积极开展水灾害回顾工作，评估应急过程的不足和缺陷，吸取经验和教训，为预案的修订和更新工作提供参考依据。

三、煤矿水灾害应急救援预案的内容

应急救援预案是整个应急管理系统的反映，它不仅包括事故发生过程中的应急响应和救援措施，而且还应包括事故发生前的各种应急准备和事故发生后的紧急恢复，以及预案的管理与更新等。因此，一个完善的应急预案应按照相应的过程分为6个一级关键要素，即预案编制的方针与原则、应急策划、应急准备、应急响应、现场恢复和预案管理与评审改进。

（一）预案编制的方针与原则

应急救援预案首先要有明确的方针和原则作为指导应急救援工作的纲领。方针与原则反映了应急救援工作的优先方向、政策、范围和总目标，要体现保护人员安全优先、防止和控制水灾害蔓延优先、保护环境优先；同时体现损失控制、预防为主、常备不懈、统一指挥、高效协调以及持续改进的思想。

（二）应急策划

应急策划是煤矿水灾害应急救援预案编制的基础，是应急准备、响应的前提条件，同时也是一个完整预案文件体系的一项重要内容。在煤矿水灾害应急救援预案中，应明确以下内容：

（1）基本情况，主要包括煤矿的地址、经济性质、从业人数、隶属关系、主要产品、产量，周边区域的单位、社区、重要基础设施、道路等情况。

（2）根据确定的危险目标，明确其危险特性及对周边的影响以及应急救援所需资源，危险目标周围可利用的安全设施、个体防护的设备、器材及其分布，上级救援机构或相邻单位可利用的资源。

（3）法律法规是开展应急救援工作的重要前提保障。应列出国家、省、市及应急各部门职责要求以及应急救援预案、应急准备、应急救援有关的法律法规文件，作为编制预案的依据。

（三）应急准备

应急预案能否在应急救援中成功地发挥作用，不仅仅取决于应急救援预案本身的完善程度，还取决于应急准备是否充分。应急准备应依据应急策划的结果开展，在煤矿水灾害应急救援预案中应明确以下内容：

1.组织机构设置、组成人员和职责划分

为保证应急救援工作的反应迅速、协调有序，必须依据煤矿重大水灾害危害程度的级别，建立完善的应急机构组织体系，包括当地政府的应急管理领导机构、应急响应中心以及各有关机构部门等。对应急救援中承担任务的所有应急组织，明确相应的职责、负责人以及联系方式。

2.应急资源准备

针对危险分析所确定的主要水害危险，明确应急资源所需要的装备是应急响应的保障。应根据潜在事故的性质和后果分析，合理组建专业和社会救援力量，配备应急救援中所需要的消防手段、各种救援机械和设备、检测仪器、堵漏和消防材料、交通工具、个体防护设备、医疗设备和药品、生活保障物资，并定期检查、维护和更新，保证始终处于良好状态。

在煤矿水灾害应急救援预案中应明确预案的资源配备情况，包括各类应急力量的组成及分布情况，各种重要应急设备、物资的准备情况，上级救援机构或周边可用的应急资源，应急救援保障、救援需要的技术资料、应急设备和物资等。

3.应急救援保障

应急救援保障分为内部保障和外部保障。

依据对现有资源的评估结果，内部保障确定以下内容：确定应急队伍，包括抢修、现场救护、医疗、治安、交通管理、通信、供应、运输、后勤等人员；消防设施配置图、工艺流程图、现场平面布置图和周围地区图、气象资料、煤矿安全技术说明书、互救信息等的存放地点、保管人；应急通信系统；应急电源、照明；应急救援装备、物资、药品等；煤矿运输车辆的安全、器材及人员防护装备；保障制度目录；责任制；值班制度；其他有关制度。

依据对外部应急救援能力的分析结果，外部保障确定以下内容：互助的方式；请求政府、集团公司协调应急救援力量；应急救援信息咨询；专家信息。

4.教育、培训与演习

为了全面提高应急能力，应急预案应对公众教育、应急训练和演习做出相应规定。煤矿水灾害应急救援预案中，应确定应急预案教育培训，应急预案演习，应急训练、教育、培训、演习的实施与效果评估，互助协议等内容。

（1）应急预案教育培训。

公众意识和自我保护能力是减少重大事故伤亡的不可忽视的一个主要方面。作为应急救援的一项内容，应对公众日常教育做出规定，尤其是位于井下一线的人员，应使他们了解潜在危险的性质，掌握必要的自救知识，了解预先指定的主要及备用疏散路线和集合地点。煤矿单位应依据对从业人员能力的评估和社区或周边人员素质的分析结果，确定应急救援人员的培训、员工应急响应的培训、社区或周边人员应急响应知识的宣传等内容。

（2）应急预案演习。

预案演习是对应急能力的综合检验。应急演习包括桌面演习和实战模拟演习。演习是使应急人员进入"实战"状态，熟悉各类应急处理和整个应急行动，明确自身的职责，提高协同作战能力的程序。演习计划包括：演习准备，演习范围与频率，演习组织。

（3）应急训练。

应急训练的基本内容主要包括基础培训与训练、专业训练、战术训练及其他训练等。基础培训和训练的目的是保证应急人员具备良好的体能、战斗意识和作风，明确各自的职责，熟练掌握个人防护装备和通信装备的使用。

（4）教育、培训、演习的实施与效果评估。

依据教育培训、演习计划，确定以下内容：实施的方式；效果评估方式；效果评估人员；预案改进、完善。

（5）互助协议。

当有关的应急力量与资源相对薄弱时，应事先与邻近区域救援力量签订正式的互助协议，并做好相应的安排，做出互救的规定。

（四）应急响应

应急响应包括应急救援过程中一系列需要明确并实施的核心应急功能和任

务，这些核心功能具有一定的独立性，但相互之间有密切联系，构成了应急响应的有机整体。应急响应的核心功能和任务如下所述：

1.报警、接警、通知、通信方式

2.预案分级响应条件

依据煤矿水灾害的类别、危害程度的级别和从业人员的评估结果，以及可能发生的水灾害现场情况分析结果，设定预案分级响应的启动条件。

3.指挥与控制

建立分级响应、统一指挥、协调和决策的程序。

4.水灾害发生后应采取的应急救援措施

根据煤矿安全技术要求，确定采取的紧急处理措施、应急方案；重要记录资料和重要设备的保护；根据其他有关信息，确定采取的现场应急处理措施。

5.警戒与治安

为保障现场应急救援工作的顺利开展，在事故现场周围建立警戒区域、维护现场秩序是十分必要的，所以预案中应规定警戒划分区域，实现交通管制，建立维护现场治安秩序的程序。

6.水害事态监测与评估

水害事态监测与评估在应急救援和应急恢复中具有关键的支持作用。在应急救援过程中必须对水害事态的影响进行动态观测，建立对事故现场及场外进行监测和评估的程序。

7.人员紧急疏散、安置

依据对可能发生灾害的场所、设施及周围情况的分析结果，确定以下内容：现场人员清点、撤离的方式、方法；非现场人员紧急疏散的方式、方法；抢救人员在撤离前、撤离后的报告；周边区域的单位、社区人员疏散的方式、方法。

8.危险区的隔离

依据可能发生的煤矿水灾害危害类别、危害程度级别确定以下内容：危险区的设定；水灾害现场隔离区的划定方式、方法；灾害现场隔离方法；现场周边区域的道路隔离或交通疏导办法。

9.医疗与卫生

对受伤人员现场救护、救治以及合理快速的送医院进行救治，是减少现场伤亡人员的关键。依据水灾害分类、分级及附近疾病控制与医疗救治机构的设置和处理能力，制定具有可操作性的处置方案，应包括以下内容：接触人群检伤分类方案及执行人员；依据检伤结果对患者进行分类及现场紧急抢救方案；接触者医学观察方案；患者转运及转运中的救治方案；患者治疗方案；入院前和医院救治机构确定处置方案；药物、器材储备信息。

10. 公共关系

发生重大水害事故后，不可避免地会引起新闻媒体和公众的关注。因此，应依据水灾害信息、影响、救援情况等信息发布要求明确以下内容：水灾害信息发布程序；媒体、公众信息发布程序；公众咨询、接待、安抚受害人员家属的规定。

11. 应急人员安全

预案中应明确应急人员安全防护措施、个体防护等级、现场安全监测的规定；应急人员进出现场的程序；应急人员紧急撤离的条件和程序。

12. 消防与抢险

消防和抢险是应急救援的核心内容之一，其目的是尽快控制事故的发展，防止事故进一步扩大和蔓延，从而最终控制住事故，并积极营救事故现场的受伤人员。

（五）现场恢复

现场恢复也可称为紧急恢复，也就是水灾害应急救援的结束。救援结束后应立即着手现场恢复工作，有些可实现立即恢复，有些是短期恢复或长期恢复。煤矿水灾害应急救援预案中应明确：现场保护与现场清理；水灾害现场的保护措施；明确水灾害现场处理工作的负责人和专业队伍；水灾害应急救援终止程序；确定水灾害应急救援工作结束的程序；通知本单位相关部门、周边地区及人员水灾害危险已解除的程序；恢复正常状态程序；现场清理和受影响区域连续监测程序；水灾害调查与后果评价程序。

（六）预案管理与评审改进

煤矿水灾害应急救援预案应定期进行应急演练或应急救援后对预案进行评审，以完善预案。预案中应明确预案制定、修改、更新、批准和发布的规定；应急演练、应急救援后以及定期对预案评审的规定；应急行动记录要求等内容。

第八章　煤矿防治水技术

　　矿井水的防治是为了防止水害事故的发生，保证矿井建设和生产的安全，减少矿井正常涌水量及降低生产成本。矿井水灾是矿山建设和生产中的主要灾害之一。它不仅严重破坏矿井的正常建设和生产，而且还威胁人员的生命安全。所以，应根据不同的水文地质条件，建立地下水动态观测系统，进行地下水动态观测、水害预测分析，并制定相应的"探、防、堵、截、排"等综合防治措施，对排出地面的水要统一规划、综合利用。

第一节　地面防治水

　　地面防治水是指在地面修筑防排水工程，填堵塌陷区、洼地和采取隔水防渗等措施，防止或减少雨雪和地表水大量流入矿井，同时坚持矿井防治水与农田水利建设相结合、地表水与井下工程相结合、多种防水方法相结合的综合防治水措施。地面防治水是保证矿井安全生产不受水害的关键，尤其是对矿井水主要来源于地表水和雨雪水的矿井更为重要。

一、矿井地表水源

　　对地表水源要进行调查和观测，了解气候条件、地形和地貌、雨雪水的分布量以及江河、湖泊、沼泽、洼地的分布状态，并进行井上下对照，分析其间的联系。

（一）雨雪水

降雨和春季冰雪融化是地表水的主要来源。在开采浅部矿层和采用崩落法采矿或其他方法采矿时在地表形成塌陷区的场合，雨雪水会沿塌陷区裂缝涌入矿内。尤其是雨季雨量大，在不能及时排出矿区的情况下，雨水通过表土层的孔隙和岩层的细小裂隙渗入矿内；或洪水泛滥时，沿塌陷区、废弃井口或通达地表的井巷（包括小窑乱采乱掘与大矿沟通的通道），大量灌入而造成矿井水灾。

（二）江河、湖泊、洼地积水

江河、湖泊、洼地积水，可能通过断层、裂隙、石灰岩溶洞等与井下沟通，造成矿井透水事故。

为防止地表水患，必须搞清矿区及其附近地表水流系统和受水面积、河流沟渠汇水情况、疏水能力、积水区和水利工程情况，以及当地日最大降雨量、历年最高洪水位，并且结合矿区特点建立和健全防水、排水系统。

二、地表水综合治理措施

地表水综合治理是指在地表修筑防排水工程，填堵塌陷区、洼地，以防止或减少地表水大量流入矿内。

（一）合理确定井口位置

井口和工业广场内主要建筑物的标高必须高出当地历年的最高洪水位。在很难找到较高的井口位置，或者需要在山坡上开凿井筒时，则应修筑坚实的高台或在井口附近修筑可靠的排水沟和拦洪坝。这样，即使雨季山洪暴发，甚至达到最高洪水位时，地表水也不会经井口灌入矿井。

（二）填堵通道和消除积水

矿区的基岩裂隙、塌陷裂缝、溶洞、废弃的井筒、钻孔和塌陷坑等，可能成为地表水进入矿内的通道，应该用黏土或水泥将其填堵，如图8-1所示。容易积水的洼地、塌陷区应该修筑泄水沟，泄水沟应该避开露头、裂缝和透水岩层。不能修筑沟渠时，可以用泥土填平夯实并使之高出地表。大面积的洼地、塌陷区无法填平时，可安装水泵排水。

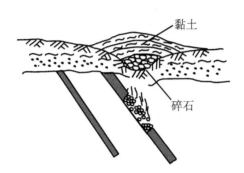

图8-1　塌陷坑填塞方案

（三）挖沟排（截）洪水

位于山麓或山前平原的矿区，雨季常有山洪或潜流流入，会增大矿井涌水量，甚至淹没井口和工业广场。一般应在矿区井口边缘沿着与来水垂直的方向，大致沿地形等高线挖掘排洪沟，拦截洪水并将其排到矿区外，如图8-2所示。在地表塌陷、裂缝区的周围也应挖掘截水沟或筑挡水围堤，防止雨水、洪水沿塌陷、裂缝区进入矿区。

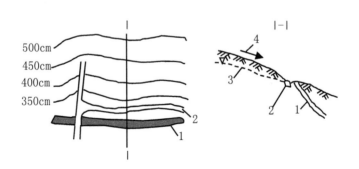

图8-2　排水洪沟

1—煤层；2—排水沟；3—潜水位线；4—地面洪流

（四）整治河流

当河流或渠道经过矿床且河床渗透性强，河水可能大量渗入矿内时，可以修筑人工河床（铺砌的河床）或使河流改道。

1.修筑人工河床

在河水渗漏严重的地段用黏土、碎石或水泥铺设不透水的人工河床，如图8-3所示，以制止或减少河水渗漏。

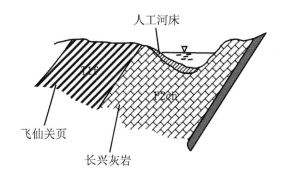

图8-3　人工河床铺底示意图

2.河流改道

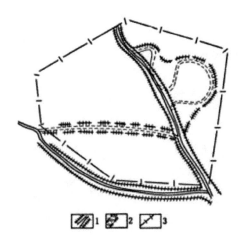

图8-4　河流改道及截弯取直示意图

1—河流及堤防；2—废河废堤；3—井田边界

防止河水进入矿内最彻底的办法是将河流改道，使其绕过矿区。为此，可以在矿区上游的适当地点修筑水坝拦截河水，将水引到事先开掘好的人工河道中，如图8-4所示。河流改道的工程量大，投资多，并涉及当地工农业利用河水等问题，故不宜轻易采取，需要仔细调查、全面考虑再决定。

有计划地做好地表水防治工作是防治地表水造成矿井水灾的重要保证。每年雨期前一个季度应由主管矿长组织一次防水检查，其防水工程必须在雨季前竣工。

地面防排水措施，应根据地形、地质、气候、水文地质和开采条件，采取综合措施并与有关部门进行全面规划。

近山矿区地表水防治方法如下。首先，山区以蓄为主，防蓄结合。利用建水库、挖鱼鳞坑、种树、开山前顺水沟等措施，减少矿井雨季洪峰水量。其次，矿区外围以防为主，防排结合。在可能往井下漏水的灰岩露头周围用排洪沟构成排洪圈包围井田，使洪水沿环形排洪道集中之后，流入主河道，在排洪沟下口建水闸和排洪站，准备河水倒灌时往外排水。最后，矿区内部以导为主，导排结合。

平原地区地表水防治方法如下：结合农田水利建设，挖掘中央排洪道和分区泄水沟形成河网系统，防止内涝。

第二节　矿井疏放排水

疏放排水是煤矿防治水工作的一种基本手段，可以说排水工作对所有的矿井都是必要的。但是，疏放排水与一般的矿井排水也有不同之处：前者是指借助于专门的工程（如疏水巷道、放水钻孔、水位降低钻孔、吸水钻孔等）有计划、有步骤地使影响采掘安全的煤层上覆或下伏强含水层中的地下水降低水位（水压）或使其局部疏干；后者则是指通过排水设备将流入矿井水仓（排水硐室）中的水直接排至地表。因此，疏放排水在有计划、有步骤地均衡矿井涌水量，改善井下作业条件，保证采掘工作安全和降低排水费用等方面可以起到一般矿井排水所不能起的作用。

疏放排水工作根据具体的水文地质条件，有时于地表进行（地面疏干），有时于井下巷道中进行（井下疏干），有时在建井生产前进行（预疏干），也有时在建井生产过程中进行。

在地下开采的煤矿中，疏放排水工作主要是在井下巷道中进行。因此，本节主要介绍在井下巷道疏放含水层中地下水的基本方法。

一、顶板水的疏放

我国绝大多数煤矿，煤层的上覆含水层为砂岩裂隙含水层，砂岩含水层中的裂隙水常常沿裂隙进入采掘工作面，造成顶板滴水和淋水，影响采掘作业，甚至在矿山压力作用下，伴随着回采放顶，导致大量的水溃入井下，造成垮面停产和人身事故。如华北某矿139工作面，含水砂岩位于煤层顶板以上17m处，回采前几乎无水，回采后期也仅见淋水，水量0.052m³/min，但顶板垮落后涌水量骤增至1.17m³/min，冲垮工作面，堵死出口，造成事故。目前，疏放顶板水的常用方法有利用采准巷道、放水钻孔和直通式放水钻孔疏放。

（一）利用采准巷道疏放

煤层直接顶板为含水层时，通常是将采区巷道或采面准备巷道提前开拓出来，利用采准巷道预先疏放顶板含水层。如华东开采太原群煤层的某矿，2_1层煤直接顶板为12层灰岩，为了疏干灰岩含水层，常常利用2_1层煤的采准巷道进行疏放，如图8-5所示。

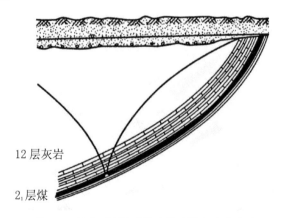

12 层灰岩

2_1层煤

图8-5　利用2_1层煤采准巷道疏放灰岩含水层

利用采准巷道预先疏放顶板含水层中地下水是一种经济有效的方法，既不需要专门的设备和额外的巷道工程，也能保证疏放水效果，在有利的地形条件下（如开采位于侵蚀基准面以上的煤层时）还可以自流排水。利用采准巷道疏放顶板含水层时应注意以下几点：

（1）采准巷道提前掘进的时间应根据疏放水量和疏放速度确定，超前时间过长会影响采掘计划的平衡，造成巷道长期闲置，有时还会增加维修工作量；超前时间太短也会影响疏放效果。

（2）疏放强含水层时，应视水量大小考虑是否要扩大排水沟、水仓以及增加排水设备。至于专门的疏放水巷道在煤矿矿井中并不多见，只是在水量很大的情况下偶尔采用。但是在露天煤矿中，专用疏放水巷道，如图8-6所示，却是保证露天边坡稳定极为重要的防治水措施之一。

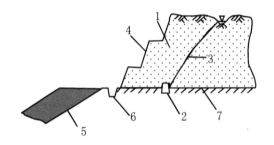

图8-6　疏放松散含水层中潜水专用巷道

1—含水层；2—专用疏放水巷道；3—降落曲线；4—露天采矿场人工边坡；

5—煤层；6—排水阴沟；7—隔水层

（二）利用放水钻孔疏放

当含水层距离煤层较远，采准巷道起不到疏放效果时，常在巷道中每隔一定距离向含水层打放水钻孔进行预先疏放。放水钻孔的布置应考虑以下几点：

（1）钻孔应布置在裂隙发育和标高较低的地段。

（2）钻孔的间距按疏干降落曲线的要求布置，或与基本顶周期来压的距离同步。

（3）钻孔深度达到打透采空后形成的导水断裂带即可；若穿透导水断裂带以外的含水层，将会导致额外的水源涌入工作面。

（4）钻孔的方位垂直或接近于垂直顶板含水层时工程量最省，但斜孔揭露含水层范围大，疏放水效果好。

（5）钻孔数量和孔径视水量大小而定，孔径一般不宜过大。

（三）利用直通式放水钻孔疏放

煤层顶板以上有几层含水层，岩层比较平缓，含水层距地表较浅，并且巷道顶板为相对隔水层时可使用直通式放水钻孔。它是由地表施工，向下打穿含水层，并与井下疏干巷道的放水硐室相通的垂直放水钻孔。当放水钻孔通过松散含水层或者涌砂涌泥的含水层时，应在相应部位安装过滤器，如图8-7所示。

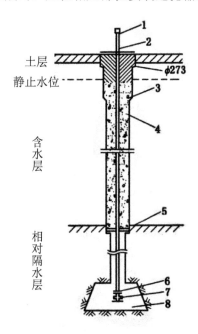

图8-7　直通式过滤器结构示意图

1—孔盖；2—108mm 无缝钢管；3—卵石；4—108mm 筛管；

5—铁盘牛皮止水承座；6—孔口管接头；7—闸阀；8—井下放水硐室

二、底板水的疏放

我国许多煤矿煤层底板下蕴藏有丰富的地下水,这种地下水常常具有很高的承压水头。在采掘活动中,由于岩层的原始平衡状态遭到破坏,巷道或采煤工作面底板在水压和矿山压力的共同作用下,底板隔水岩层开始变形,产生底鼓,继之出现裂缝。当裂缝向下发展延深达到含水层时,高压的地下水便会突破底板涌入矿井,造成突水事故。

目前,常用的底板水疏放方法有巷道疏放法和疏放降压钻孔法。

(一)巷道疏放法

巷道疏放法是将巷道布置于强含水层中,利用巷道直接疏放。如煤炭坝煤矿开采龙潭煤组下层煤,底板为茅口灰岩,隔水层很薄,原先将运输巷道布置于煤层中,水大压力也大。后来将运输巷道直接布置在底板茅口灰岩的岩溶发育带中,如图8-8所示,既收到了很好的疏放水效果,也解决了巷道布置在煤层中经常被压垮的问题。但是,这种方法只有在矿井具有足够的排水能力时才能使用,否则在强含水层中掘进巷道将是不可能的。

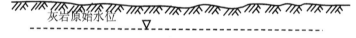
灰岩原始水位

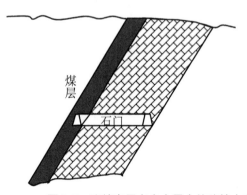
煤层
石门

图 8-8 直接布置在含水层中的疏放水巷

（二）疏放降压钻孔法

根据底板突水的原因分析，不难设想预防底板突水可以从两个方面进行：一方面是增加隔水层的"抗破坏能力"，如用注浆增加隔水层抗张强度及留设防水煤柱或保护"煤皮"以加大隔水层厚度；另一方面是降低或消除"破坏力"的影响，如疏放降压等。

根据安全水头的概念，疏放降压并不需要将底板水的水头无限制地降低，乃至完全疏干，只要将底板水的静水压力降至安全水头以下，即可达到防治底板水的目的。

疏放降压钻孔和顶板放水孔一样，是在计划疏降的地段，于采区巷道或专门布置的疏干巷道中，每隔一定距离向底板含水层打钻孔放水，使之形成降落漏斗，逐步将静止水位降至安全水头以下，如图8-9所示。

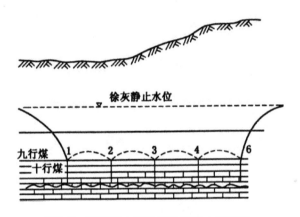

图8-9　利用疏水钻孔疏放底板水示意图

在我国华北型煤田的矿井中，为了疏放太原群灰岩含水层，常常采用疏干石门和疏放降压钻孔相结合的方法，如图8-10所示。在石门与疏放降压钻孔的基础上，还发展了具有独特风格的逐层分水平疏放降压方法，如图8-11所示，即由上而下一个一个水平、一个一个含水层逐步放水降压，以保证石门和矿井的安全延深和煤层的顺利开采。

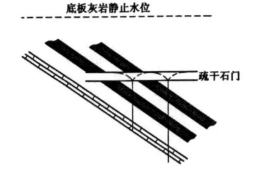

图8-10 利用疏干石门和疏放降压钻孔疏放底板水示意图

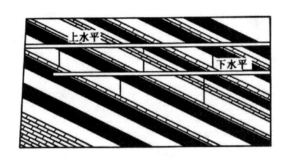

图8-11 逐层分水平疏放降压示意图

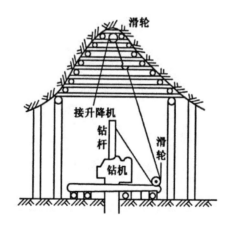

图8-12 高压钻进时钻具的反压装置示意图

由于底板水通常水压高、水量大，疏放降压钻孔在施工过程中容易发生事

故，需要采取必要的安全措施：①使用反压装置，如图8-12所示，以防钻进和退钻时高压水将钻具顶出伤人，同时可提高钻进效率；②埋设孔口管安装放水安全装置，如图8-13所示，以便根据井下排水能力，控制疏放水量和测量放水过程中的水压变化。

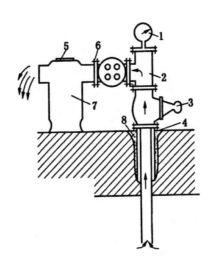

图8-13 疏放底板水的开口安装放水安全装置示意图

1—水压表；2—三通；3—水门；4—开口臀；5—读数盘； 6—法兰盘；7—流量表；8—水泥

为了改善井下施工疏放降压钻孔的劳动条件，提高钻进效率，近年来，华东某矿区创造了一种地面施工井下疏放降压钻孔的方法，其施工方法如下：

（1）在井下先掘好和疏放水巷道相联系的放水石门。

（2）根据井上下对照图于石门迎头或一侧5m的地方布置孔位。

（3）用146mm孔径开孔，至第四纪底板以下2m处注入水泥浆，下入127mm套管，扫孔后用108mm钻头钻进至计划疏放降压的含水层顶板上2m，注入水泥浆后下108mm套管，在下套管之前预留1.0～1.5m长的活节短管，将活节部分准确地下在放水石门部位。

（4）利用钻孔测斜资料测出活节短管在放水石门附近的准确位置后，从放水石门开短巷找活节短管。找到后，加强支护，卸下活节短管，换上三通放水管，并在三通上安装乐力表、防矸罩、水表、闸阀，如图8-14所示。

127

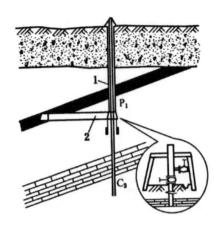

图8-14　地面施工的井下放水钻孔示意图

1—套管；2—放水石门

（5）改用89mm孔径继续钻进，直到钻至需要疏放降压的含水层。

（三）其他疏放方法

1.地面疏降

地面疏降是指在需要疏降的地段于地面施工大口径钻孔，安装深井泵或深井潜水泵排水，使地下水位降低的一种方法。

地面疏降的适用条件：①渗透性能良好、含水丰富的含水层，其渗透系数一般不小于2.5～66m/d；②疏放降压深度不应超过水泵的扬程。

地面疏降的优点是施工简单，施工期限较短，劳动和安全条件好，疏降工程布置的灵活性强；缺点是受含水层渗透条件的限制，深井泵的管理和维修比较复杂。所以，这种方法目前使用尚不普遍，尤其是在地下开采的煤矿中更是少见。

根据疏放地段的地质、水文地质条件和几何轮廓，疏放降压孔的布置主要有直线孔排和环形孔群两种形式。

直线孔排是在地下水南一侧补给时采用，如茂名油页岩矿利用疏放降压钻孔疏放矿层顶板含水层。

环形孔群是在地下水为圆形补给时采用，如大屯煤矿在井筒穿过疏松含水层时曾采用过这种方式，但成本较高。

2. 调节水位（压）

对于充水来源以岩溶水为主的矿井，在地面或井下进行强烈疏降时，随着水位大幅度下降，降低漏斗不断扩大，常常引起排水影响范围内灰岩露头带的岩溶充填物被冲刷，逐步导致地表沉降、开裂、塌陷，出现河水断流、泉水干涸、农田塌陷、房屋倒塌等现象，给工农业生产和人民生活造成很大的影响，这种情形在我国华南的一些中、小煤矿中经常可见。

为了解决这一矛盾，可以采用注浆堵水调节水位（压）的办法：

（1）注浆堵塞井下突水点，以减小地下水进入矿井的水流断面，使地下水封闭、调节含水层水位，使矿井水位降低，矿井涌水量也随之减小。

（2）对于井下起决定性作用的突水点，注浆并埋设孔口管，在孔口管上安装闸阀和压力表，借以控制水量。这样当需要减少矿井涌水量时（如雨季矿井安全受威胁，枯季为了减少排水费用或排水系统发生故障等情况），可以关闭闸阀，控制涌水量；当升至一定程度，可能导致底板水突破底板时，则打开闸阀放水，以降低作用在底板上的压力。

3. 吸水钻孔疏放

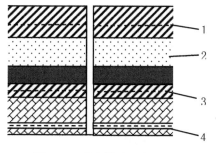

图8-15　吸水钻孔示意图

1—煤层上部砂岩含水层水位；2—煤层上部含水层；

3—灰岩含水层吸水后水位；4—煤层下部灰岩含水层原始水位

吸水钻孔是指将煤层上部含水层中的水放入煤层下部含水层中的钻孔，如图8-15所示。

利用吸水钻孔疏放水的特定条件如下：

（1）煤层下部含水层的水位低于煤层底板或干燥无水，具有一定的吸水能力。

（2）煤层下部含水层的吸水能力大于煤层上部含水层的泄水量。

吸水钻孔疏放不仅经济简单，不需要任何排水设备，且不会增大矿井排水量。但这种方法要求的条件极其苛刻，如我国的煤矿中只有山西高原和陕西的一些地区，奥陶纪灰岩含水层水位低于煤层底板，具备这种条件。

第三节　井下探水技术

在有些生产矿井的范围内，常常有许多充水的小窑老空、断层以及富含水层。当采掘工作面接近这些水体时，就有可能造成地下水突然涌入矿井的事故。为了消除这些隐患，在生产中使用探放水的方法，探明工作面前方的水情，然后将水有控制地放出来，以保证采掘工作的安全。

"预测预报、有疑必探、先探后掘、先治后采"是防止煤矿井下水害事故的原则。矿井水文地质工作人员要做好这项工作，除需掌握探放水的方法和技术之外，还须向领导和群众反复宣传探放水工作的重要性。只有在既取得领导支持又变为群众的自觉行动之后，探放水工作才能真正起到保证矿井安全生产的效果。

探放水虽然是防止水害的重要方法之一，但这项工作并不能把所有的水害威胁都探明，例如断层遇到突水，必须在全面分析水文地质资料之后，才能做出有无可能发生水害的结论。

一、小窑老空水的探放方法

（一）探水起点的计算

由于小窑老空积水范围是通过调查得出的，所以其积水的边界不是十分准确，如有条件最好用物探方法查明。根据一些矿区的经验，将调查和勘探获得的小窑老空分布资料经过分析后划出积水线、探水线、警戒线3条界线，如图8-16所示。

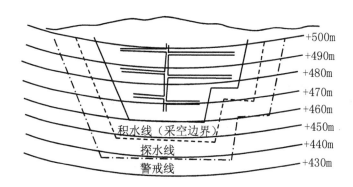

图8-16　积水线、探水线和警戒线示意图

（1）积水线：调查核定积水区的边界，也即小窑采空区的范围，其深部界线应根据小窑的最深下山划定。

（2）探水线：沿积水线外推60～150m的距离画一条线（如上山掘进时则为顺层的斜距），此数值大小视积水范围可靠程度、水头压力、煤的强度大小来确定。当掘进巷道达到此线就应开始探水。

（3）警戒线：是从探水线再外推50～150m（在上山掘进时指倾斜距离）。当巷道进入此线，就应警惕积水的威胁，注意迎头的变化，当发现有透水征兆时就应提前探水。

（二）小窑老空积水量的估算

小窑老空积水可按下式进行估算：

$$\omega_{静} = \frac{KMah}{\sin\alpha}$$

式中：$\omega_{静}$——小窑老空积水的静储量，m^3；

　　　M——采高，m；

　　　a——小窑老空走向长度，m；

　　　h——小窑老空的垂高，m；

　　　α——煤层的倾角，（°）；

　　　K——老空的充水系数，取0.3～0.5。

在初步估算出积水量后，便可根据矿井的具体情况拟定治理方案，如用放水孔将老空水放干，或留设暂时防水煤柱等。

（三）探放水钻孔的布置方法

探放水钻孔布置应以确保不漏老空为原则，而探水工作量又以最小为原则。

1.探水钻孔的超前距、允许掘进距离、帮距和密度

（1）超前距、允许掘进距离。

探水时从探水线开始向前方打钻探水，一次打透积水的情况较少，所以常是探水—掘进—探水循环进行，而探水钻孔的终孔位置应始终保持超前掘进工作面一段距离，这段距离简称超前距，如图8-17所示。经探水后证明无水害威胁，可以安全掘进的长度，称为允许掘进距离。实际工作中超前距一般采用20m，在薄煤层中可缩短，但不得小于8m。超前距还可用下述公式进行估算：

$$c = 0.5L\sqrt{\frac{3P}{K_P}}$$

式中：c—超前距，m；

L—巷道的跨度（宽或高取其大者），m；

P—水头压力，kg/cm^2；

K_P—煤柱的抗张强度，kg/cm^2。

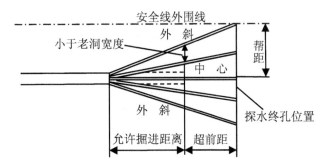

图8-17 探水钻孔的超前距、允许掘进距离、帮距和密度示意图

（2）帮距。

探水钻孔一般不少于3个，一个为中心眼，另两个为外斜眼，与中线成一定角

度呈扇形布置。中心眼终点与外斜眼终点之间的距离称为帮距。帮距一般应等于超前距,有时可略比超前距小1～2m。

（3）密度。

钻孔密度是指允许掘进距离的终点,探水钻孔之间的间距。其间距的大小视具体情况而定,一般不应大于古空老巷的尺寸。例如,古空老巷道宽为3m,则巷道允许掘进终点钻孔间距最大不得超过3m。有时为了减少工作量可在允许掘进距离内用小电钻补探,以保证不打漏积水的古空老巷。

2.探水钻孔布置方式

探水效果的好坏与钻孔布置方式有很大关系。在布置探水钻孔时必须注意两个问题:①要确保安全;②既要保证工作效果又要使工作量最小。

倾斜煤层平巷掘进常布置成半扇形。扇形和半扇形布置又分为大夹角扇形布置和小夹角扇形布置,如运用得当,两种形式都可以取得良好的效果。

（1）"大夹角"扇形钻孔布置。

倾斜煤层上山掘进探水钻孔应呈扇形布置,两侧各布置2～3组,每组钻孔之间夹角为7°～15°,当煤厚小于2m时,每组施工1～2个孔,如图8-18（a）（b）所示;煤厚大于2m时,每组钻孔的孔数不得少于3个,其中包括见底板和见顶板的钻孔,以保证不漏掉垂直方向上的积水洞,如图8-18（c）所示。

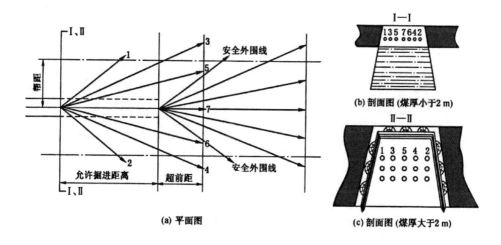

图8-18　倾斜煤层上山掘进探水钻孔布置示意图

平巷掘进呈半扇形布置3～4组钻孔,钻孔夹角7°～15°,煤厚小于2m时,每组施工1～2个孔，如图8-19（a）（b）所示；煤厚大于2m时，每组不得少于3个孔，如图8-19（c）所示。厚煤层沿顶板掘进的全煤巷道，每组钻孔中除一个钻孔平行煤层顶板外，其余各钻孔应依次向下倾斜，并至少有一个钻孔见底板，如图8-20所示。沿煤层底板掘进的全煤巷道，钻孔在剖面上的布置和沿顶板掘进的相反，如图8-21所示。

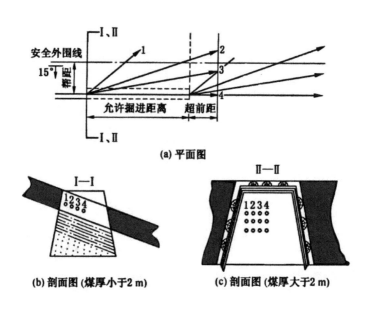

(a) 平面图

(b) 剖面图 (煤厚小于 2 m)　　(c) 剖面图 (煤厚大于 2 m)

图8-19　平巷掘进探水钻孔布置示意图

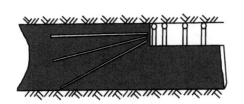 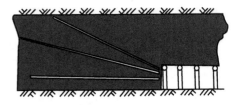

图8-20　厚煤层巷道沿顶板掘进探水钻孔　　图8-21　厚煤层巷道沿底板掘进探水钻孔

（2）"小夹角"扇形钻孔布置。

所谓"小夹角"即两组钻孔之间的夹角，较"大夹角"要小，一般为1°～3°。用"小夹角"布置探水钻孔，一般在巷道正前方不易漏探小积水洞，因为允许掘进距离可以大大加长，这样可以提高工效。

"小夹角"钻孔布置一般也是顺巷道前进方向布置一组，两侧各2～3组，每组钻孔间夹角为1°～3°，每组钻孔数要求与"大夹角"探水钻孔数相同。但当探水深度小时，两侧控制范围（帮距）较小，因而在探证一定的帮距时，以不漏掉两侧的小洞为准。

不论用上述哪种方法探水，都必须根据巷道的方向以及煤层的产状，事先换算好钻孔水平夹角、方位角、倾（仰）角以及钻孔深度等，以便施工；而后根据实际施工情况，确定允许掘进距离和小电钻补探钻孔的技术要求；最后填写"允许掘进通知单"，如表8-1所示。探水后的"允许掘进通知单"由防探水技术人员整理探水钻孔资料后填写，其内容应包括：钻探情况、钻探平面图等，一式三份。填写后由防探水技术人员、施工单位、安全检查部门及矿技术负责人审批后严格执行。

表8-1　允许掘进通知单

探水地点						钻探平面图	
水害性质			探水施工日期				
允许掘进深度/m		探水总进尺/m		其中	煤		
					岩		
各钻孔钻探结果							
孔弓	方向角/°	倾角/°	层位	孔深/m	说明	小电钻补探要求	
						矿总工程师审批意见及签字	
探水情况简要说明						接收单位	单位意见	签字	安全检查	意见	签字

3.放水孔孔径和孔数的确定

（1）钻孔孔径的选择。

放水孔孔径的大小，应根据煤层的坚实程度、放水孔深度等因素来确定。例如，煤层普氏系数较大、钻孔较深，可选用稍大一点的孔径；反之，则应选用较小的孔径。在生产实践中常采用42、54、75mm等孔径，一般不超过75mm，以免因流速过高冲垮煤柱。

（2）钻孔孔数的计算。

单孔出水量可用下式进行估算：

$$q = 60c\omega\sqrt{2gH}$$

式中：q——单孔出水量，m^3/min；

c——流量系数，其大小与孔壁的粗糙程度、孔径的大小、钻孔的长度等因素有关，可由实验得出，无资料时可用0.6～0.62；

ω——钻孔的断面积，m^2；

g——重力加速度；

H——钻孔出口处水头高度，m。

由于放水时该数是个不断变小的数值，属于非稳定流状态，为便于计算钻孔的平均放水量，可取钻孔出口处最大水头高度的40%～45%。

平均放水量可用下式计算：

$$Q_{cp} = \frac{W}{t} + Q_{动}$$

式中：W——储存量或采空区的总积水量，m^3；

t——允许放水期，min；

$Q_{动}$——动储量，m^3/min。

钻孔的孔数可用下式计算：

$$N_{孔数} = \frac{Q_{cp}}{q} + k$$

式中：k——备用孔孔数，一般取1～2个。

4.放水孔孔口管的安装

在探放水工作中，一般水量和水压不大时，积水可通过探水钻孔直接放出。

但在探放水量和水压较大的积水区或强含水层时，为了保证安全生产，达到有计划的放水和收集有关放水资料的目的，必须安装专门的孔口管。

孔口管的安装必须固定在岩石坚硬完整的地段；如固定在疏松、破碎岩层内，一旦揭露含水层，孔口管就会跑水，或者水压大时使孔口管崩脱，失去控制水量的作用。

孔口管施工时一般都是先用大口径钻头开孔至一定深度（一般根据水压大小而定），下套管后，在管外围灌注水泥，待水泥凝固后再用较小直径的钻头在套管内钻进，直至钻透老空（或含水层）为止，然后退出钻具在孔口管外露部分装上压力表、水阀门和导水管等，如图8-22所示。

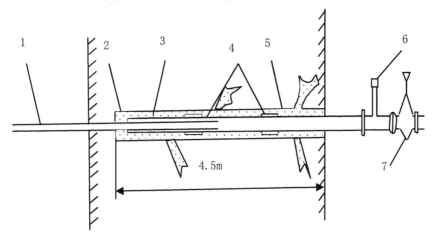

图8-22　放水孔孔口装置示意图

1—钻杆；2—∅150mm 钻孔；3—水泥；4—肋条；5—∅89mm 钢管；6—水压表；7—水闸门

5. 探水与掘进的配合

受水害威胁的地区，必须与掘进施工管理相配合，才能取得良好的防水效果。

（1）上山探水。

上山巷道掘进时，因积水区在上方，上方巷道三面受水威胁，一般应采用双巷掘进，如图8-23所示。双巷之间每隔30～50m掘一联络巷，并设挡水半墙，以使其中一条上山出水时，不会窜到另一条上山。

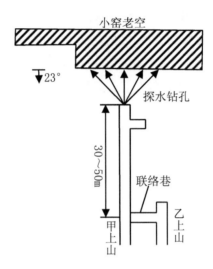

图8-23　上山巷道探水示意图

（2）倾斜煤层平巷探水。

在倾斜煤层中平巷掘进时，应采用双巷掘进，单巷超前探水，钻孔布置成扇形，如图8-24所示，两巷之间每隔30～50m掘一联络巷，上方巷道超前探水，下方巷道为泄水巷。

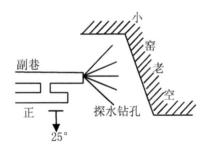

图8-24　倾斜煤层平巷探水示意图

（3）平巷和开切眼互相配合探水。

如图8-25所示，在煤层内准备采煤工作面时，平巷（回风巷）应先探水掘进到位，然后再施工开切眼。这样既减少开切眼掘进的危险性，又减少开切眼掘进时的探水工作量。

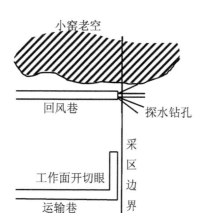

图8-25 平巷和开切眼互相配合探水示意图

（4）上山与下山互相配合探水。

如图8-26所示，下山巷道掘进除防治掘进工作面和两帮来水外，还应特别注意背后来水。当上山巷道水害未消除或正在探水，下山巷道应停止工作，等水害威胁消除后再进行掘进。

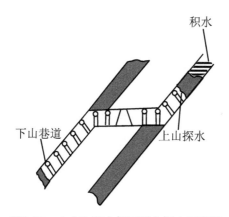

图8-26 上山和下山相互配合探水示意图

二、探断层水及其他可疑水源

探断层水及其他可疑水源的方法与探老空水相同，但探水钻孔的孔数较探老空水的要少。

探断层水的钻孔往往与探断层的构造孔结合起来，在探明断层的位置、产状要素、断层带宽度的同时，着重查明断层带的充水情况、含水层的接触关系和水力连通情况、静水压力及涌水量大小，以达到一孔多用的目的。例如，在正断层上盘巷道内探下盘含水层的钻孔，可布置在上盘巷道内，选择适当地点，向下盘的含水层打钻孔。

断层水探明后，应根据水的来源、水压和水量采取不同措施。若断层水是来自强含水层，则要注浆封闭钻孔，按规定留设煤柱；已进入煤柱的巷道要加以充填或封闭。若断层含水性不强，可考虑放水疏干。

三、探水作业注意事项

探水作业是直接与水害做斗争，不仅直接关系探水人员的安全，也关系探放水周围地区甚至整个矿井的安危。所以，施工中应严格遵守下列事项：

（1）加强靠近探水工作面的支护，以防高压水冲垮煤壁及支架。

（2）检查排水系统，准备好适当坡度和断面的排水沟及相当容积的缓冲水仓，加大排水能力。

（3）在有突然大量涌水情况下探水时，应在探水工作面附近设临时水闸门。

（4）探水工作面要经常检查瓦斯，发现有害气体逸出时，要及时采取通风措施。

（5）预先规定好联络信号、涌水时的对策及人员避灾路线。

（6）钻探过程中发现孔内显著变软或有水沿钻杆流出时，都是钻孔接近或钻入积水区的征兆，遇到这种情况应立即停钻检查。如钻孔内水的压力很大，应马上将钻杆固定，切勿移动及起拔；钻机后面不要站人，以免高压水将钻杆顶出伤人或造成透水事故。

第四节　注浆堵水技术

注浆就是将具有充填、胶结性能的材料配置成浆液，用注浆泵注入岩层空隙中去，使浆液充填空隙，隔绝水源或将破碎岩层胶结为整体岩层。

注浆防治水技术是通过钻孔利用各种专用的压注设备，将根据不同堵水条件按特定配方制备的不同特性的堵水浆液注入岩体、岩层孔隙裂隙或涌水通道之中，占据原来被水占有的空隙、裂隙或通道，在一定的压力下，经一定的时间后脱水、凝胶或固结，使浆体的凝胶体或结石体与围岩的岩体形成阻水整体，从而改变原来不利于开采的水文地质条件或堵住已经突水的通道，从而达到治水的目的。

一、注浆材料与注浆工艺

（一）注浆材料

注浆材料是注浆堵水及加固工程中的一个重要组成部分，它关系到注浆工艺、工期、成本及注浆效果。因此，注浆材料是直接影响注浆经济指标的重要因素。

注浆材料的选择，主要是根据要堵水或加固地段的水文地质条件、岩层的裂隙及岩溶发育程度、地下水的流速以及化学成分等因素确定。在满足工程质量的前提下，尽量降低成本，并考虑材料来源难易。现将目前国内常用的几种注浆材料介绍如下：

1. 水泥浆液

水泥作为注浆材料使用具有如下优点：材料来源丰富，价格低廉，浆液结石体强度高，抗渗透性能好，同时也是单液注浆系统，工艺及设备简单，操作方便。

但是由于水泥是颗粒性材料，可灌性差，在细砂、粉砂层和细小裂隙中难以灌入，而且水泥浆初凝、终凝时间长，不容易准确控制。浆液的早期强度低，强度增长慢，易沉降析水。因此，水泥浆应用范围有一定的局限性。

2. 水泥—水玻璃浆液

水泥—水玻璃浆液是我国自力更生研制和发展起来的一种新的注浆材料。它是将水泥、水玻璃分别配制成两种浆液，按照一定的比例，用两台泵或一台双缸独立分开的泵同时注入。这种浆液不仅具有水泥浆的全部优点，而且兼有化学浆液的某些特征，如凝胶时间快、结石率100%、可灌性也有明显提高等。这种浆液除在基岩裂隙和岩溶含水层中使用外，还能在中、粗砂层中灌注，是一种十分重要的浆液材料。

3.黏土浆液

黏土浆液和水泥浆液相比，其优点是可就地取材，成本远比水泥浆液和化学浆液低；能注入更小的裂隙（大部分黏土颗粒粒径小于0.01mm）；施工工艺简单，不存在导管、注浆泵及软管胶结的可能，注浆过程中停止或中断一段时间（小于12h）不影响注浆质量；可在含侵蚀性水的含水层中使用；注浆中的重复钻进和注浆后的掘进工作较容易（这是由于黏土浆液能大量吸水膨胀，不易被地下水稀释和冲跑）。其缺点是材料消耗量大，注浆时间长，充塞物力学强度低。

为了改善黏土浆液的性能，常加入各种化学附加剂以促进黏土颗粒凝聚，改变黏土浆液的黏度和脱水性，提高充塞物的坚固性和强度。一般配制成黏土—水泥浆和黏土—水泥—砂浆液，以扩大黏土浆液的使用范围。

4.化学浆液

水泥—砂浆液、水泥—水玻璃浆液和黏土浆液都属于颗粒性浆液材料，对细小裂隙或粉砂、细砂层难以注入，为此需要化学浆液。化学浆液主要有丙烯酰胺类浆液、聚氨酯类浆液、铬木素类浆液、脲醛树脂类浆液等。其中，较常用的是丙烯酰胺类浆液。

丙烯酰胺类浆液以有机化合物丙烯酰胺为主剂，配合其他化学剂，以水溶液状态注入岩层中，发生聚合反应，使之形成具有弹性的、不溶于水的聚合体。但这种浆液的凝胶体抗压强度低（0.4-0.6MPa），而且配制复杂、成本高，因此实际应用中常与其他廉价的注浆材料配合使用。

（二）注浆工艺

根据注浆工作的施工顺序，一般可分为预注浆和后注浆两种。所谓预注浆是指井巷开凿之前，或未掘进到含水层之前，预先进行注浆堵水，为井巷工程顺利通过含水层创造条件。预注浆也有地面预注浆和工作面预注浆之分。所谓后注浆是指井巷掘砌后，用注浆法处理井巷出水、加固井壁或者恢复被淹矿井等。

注浆工艺一般包括注浆前的水文地质调查、注浆方案设计、注浆孔施工、注浆材料的选择、注浆参数及效果检查等。现以井筒地面预注浆（注水泥浆）为例，介绍注浆工艺过程。

1. 注浆前的水文地质调查

注浆前的水文地质调查是正确选择注浆方案、注浆材料、确定注浆工艺和进行注浆设计的依据。一般应查明岩层地质条件，含水层的埋藏条件、厚度、位置及其相互联系，地下水的静水压力、流向、流速、化学成分，不同含水层、不同深度的涌水量及渗透系数，附近有无溶洞、断层、河流、湖泊及其与含水层的水力联系等。

2. 井筒预注浆的施工方案

地面预注浆或工作面预注浆，需由水文地质条件、采用的设备能力和经济技术的合理性等因素来决定。一般来说，当含水层较厚且距地表较近，或者含水层虽薄但层数较多时，采用地面预注浆是合适的。反之，含水层较薄，埋藏又深，或者含水层虽多，但相距较远，则应选择工作面预注浆。

地面预注浆因在井筒开凿前施工，所以它不占建井工期，而且全部工作在地面进行，工作条件较好，可以使用大型注浆设备，采用多台钻机同时作业，速度快，工期短。另外，由于水泥—水玻璃双液注浆法的成功，目前采用地面预注浆凿井的井筒逐渐增加，有些矿井即使在第四纪冲积层厚度较大、基岩裂隙含水层距地表较深的条件下，仍采用对基岩裂隙含水层的地面预注浆，然后再采用冻结法通过第四纪冲积层。这样井筒的掘进工作可以连续进行，速度快。但也要看到，采用这种施工方案时，当钻孔深度较大，孔斜一般不易控制，对钻孔注浆的设备能力和技术条件要求较高。

工作面预注浆可以节省钻孔工程量及钻进时间，而且浆液材料消耗较低。但因注浆和井筒掘进工作自上而下分段进行，所以上段的岩石情况和注浆效果检查直观，可以作为下段注浆施工的参考。其缺点在于打钻孔注浆是在工作面进行，地点小，工作条件困难，施工不便，所以钻孔的直径和深度均受限制，且占用建井工期，有时需建筑止水垫，增加工程成本。

3. 注浆的方式和段高

注浆方式是指注浆的顺序，有下行式和上行式两种。所谓下行式（自上而下）注浆，即从地表钻进至含水层开始，钻一段孔，注一段浆，反复交替，直至全深。所谓上行式（自下而上）注浆，即注浆孔一次钻进到注浆终深，使用止浆塞，自下而上逐段注浆。其优点是无重复钻进，能加快注浆速度。在岩层较稳定和垂直节理不发育的条件下，采用这种方法为宜。

注浆段高是指一次注浆的长度，有分段注浆和全段一次注浆。当注浆深度较大时，一般穿过较多含水层，而且裂隙大小不同，在一定的注浆压力下，浆液的流动和扩散距离在大裂隙内远些，在小裂隙内近些。静水压力随含水层的埋藏深度增加而增加，在一定注浆压力下，上部岩层的裂隙进浆多，扩散远；下部岩层的裂隙进浆少，扩散近，或几乎不扩散。因此，为使浆液在各含水层扩散均匀，提高注浆质量，应分段进行注浆，按岩层破碎程度划分注浆段高。我国的经验数据是：在极破碎岩层中，注浆段高一般为5～10m，破碎岩层10～15m，裂隙岩层15～30m，重复注浆可取30～50m。另外，也可按注浆能力来划分段高，其原则是注浆泵单位时间的排浆量应大于或等于注浆段单位时间的吸浆量。

煤矿井筒地面预注浆，上述两种方式都有使用，但采用分段下行式注浆较多。视岩层裂隙发育情况，可采用先分段下行式，后分段上行式注浆；也可以使用止浆塞分段上行式注浆，然后全段一次复注，或大段上行复注，以减少重复钻进工作量，加快施工进度。

全段一次注浆是将注浆孔钻至终孔后一次注浆。其优点是一次钻进，一次完成注浆，不需要反复交替，可减少安装和起拔止浆塞的工作量，因而缩短了施工时间。其缺点是由于注浆段高加大，为保证注浆质量，要求对注浆技术的掌握要特别熟练；当岩层吸浆量大时，要求注浆设备能力大；易出现不均匀扩散，影响注浆堵水效果。该法适用于含水层距地表近，且厚度不大、裂隙发育较均匀的岩层内。

4.注浆孔的布置与钻进

（1）注浆孔数。

注浆孔数的确定与岩石裂隙的大小、发育程度、井筒断面、注浆泵的能力、注浆的种类等因素有关，通常用下式确定：

$$N=\frac{\pi（D+2A）}{L}$$

式中：N—注浆孔数，个；

D—井筒掘进直径，m；

L—注浆孔间距，m；

A—注浆孔到井筒掘凿边界距离，一般取0.5～1.5m。

（2）注浆孔的布置。

预注浆的钻孔一般按同心圆等距离排列，有时也有少数钻孔作不等距离排列。注浆孔为1～2个时，钻孔通常布置在岩层倾斜的上方。根据注浆效果检查及井筒掘进中实际观测，注浆孔按同心圆等距离排列尚不太合理。如开滦徐家楼新井1999年注浆过程中，发现地下水来水方向两侧及水流下方各孔，经注浆后检查，效果较好，而水流上方的4号、5号孔各孔注浆过程中相互注浆现象严重，注浆效果不甚理想，故应进行复注，如图8-27所示。

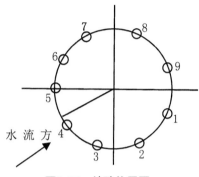

图8-27　钻孔位置图

另外，岩层倾斜方向的注浆孔，注浆过程中耗浆量比较大，尤其倾斜上方各孔更为显著。因此倾斜方向的钻孔，往往需要进行复注，才能获得理想的堵水效果。

（3）注浆深度。

注浆深度一定要选在含水层以下3～5m的位置。因为浆液垂直向下的扩散距离，一般为1～2m。所以要求注浆前必须将岩粉全部冲洗干净，否则会影响底部的注浆质量。

（4）钻孔的结构。

注浆钻孔的结构，要根据通过岩层的条件和注浆方式来确定，要力求简单，变径次数少。对于地面预注浆或在动水条件下从地面钻孔注浆堵水，注浆孔段直径不小于110mm为宜。孔径越大，揭露岩层裂隙的概率越大，对注浆越有益。

当注浆孔穿过第四纪冲积层或遇采空区时，需下套管，且要下入完整岩层中2～3m，予以固结，以免注浆时向冲积层或采空区跑浆。如果在套管内止浆，套管下口的固结质量必须保证不漏，为此固结后的套管要进行注水试验，检查固结效果。

（5）钻场布置。

为了便于钻机的搬运，加速外注，确保钻进质量与安全，需在钻场周围修筑环形轨道。钻场要求坚固、水平，不得局部沉陷。因此，钻场基础应夯实或打一层厚约0.3m的三七灰土，在此基础上铺设枕木和环形轨道。

（6）注浆孔的钻进。

钻孔是注浆施工的第一道工序，通过它输送浆液，因此在施工钻孔时，必须严格按照设计要求，保证钻孔的质量。

在注浆孔段钻进时，必须采用筒状硬质合金钻头，便于提取岩芯，以便对岩层裂隙及破碎程度进行鉴定。钻进所用的冲洗液，在冲积层松散部分注浆段可使用泥浆循环；而在基岩注浆段，要用清水钻进。如遇破碎岩层，产生冲洗液漏失现象时，应先对破碎岩层注浆，然后再继续钻进。

钻进过程中，为防止孔斜，可酌情采取下列措施：钻机安装稳固以减少震动；钻进时，孔位与钻机立轴中心呈一直线，钻机本身要求正直；在坚硬岩层中钻进，要防止给压过大而造成钻杆弯曲；采用加重钻具，自重钻进；孔浅压力不够时要稍稍给压，孔深后采用平衡器减压，使钻杆保持伸直状态。对于注浆深度超过100m的钻孔，在钻进中应适当降低转速，每分钟100～200转；给水要均匀、适宜，经常提取岩芯；每钻进15～25m，要测斜一次。

（7）钻孔的冲洗。

注浆孔钻至设计深度后，要进行冲洗，其目的是将残留于孔底和黏滞于孔壁的岩粉排出孔外。冲洗的方法，可分下列几步进行：

第一步冲孔。钻孔结束后，用钻机的泥浆泵进行冲洗。如果孔内岩粉沉积较多，冲孔前应用取粉管提取，然后再进行冲洗。冲孔时间不得少于30～60min。

第二步抽水洗孔。一般用空气压缩机抽水，以达到清洗钻孔的目的。在钻孔围岩稳定、裂隙较小的情况下，采用抽水洗孔为宜。但通过破碎地层的钻孔，应避免采用抽水洗孔，以防钻孔缩径或塌孔。

第三步压水洗孔。通过压水，将注浆段松软的泥质充填物推送到注浆的范围以外，以便在注浆过程中，增加浆液在裂隙中充塞的密实性和胶结强度。另外，在压水过程中，要确定岩层的吸水量，从而进一步核实岩层的透水性，提供注浆时选取泵量、泵压及浆液配方等参数的参考数据。压水冲孔的时间，主要看岩石的破碎程度和裂隙的大小。如岩石很破碎，裂隙也很发育，一般冲10～20min即可；对于细小的裂隙，一般需20～30min，或者更长一些时间。

（8）注浆设备。

注浆设备的选择，应按设计的供浆量和注浆压力来确定，并必须满足最大吸浆量和最大压力的要求。另外，还应有备用的设备，以保证注浆工作的连续进行。对化学注浆，还需要注意耐腐蚀的问题。

注浆泵应有足够的排浆量，并能在浆液稠度最大时正常工作。泵压应大于最大注浆压力，以保证注浆工作顺利进行。

（9）注浆参数。

①扩散半径。

浆液在岩石裂隙中的扩散范围，通常用扩散半径表示。但浆液在岩石裂隙中扩散，实际是不规则的，只是在具有孔隙的地层中扩散才比较规则和均匀。鉴于浆液在岩石裂隙中扩散的不规则性，注浆施工中，常以充塞半径表示有效扩散范围，即在这个范围内浆液充塞、水化后的结石体能有效地封堵涌水。由于岩石的渗透性能及裂隙的不均匀性，浆液扩散半径和充塞半径有时相差很大，故怎样才能取得技术经济合理的充塞半径，是注浆中进一步研究的主要问题之一。

浆液的扩散半径随岩层渗透系数、注浆压力、注入时间的增大而增大；随浆液浓度和黏度的增加而减小。在施工中，对于注浆压力、注入量、浆液浓度等参数可以人为控制和调整，对于控制扩散范围，可以起到一定作用。特别是目前国内广泛使用水泥—水玻璃双液注浆，浆液的凝固时间可以人为控制，对避免浆液流失和扩散半径过大很有意义。

②注浆压力。

注浆压力是给予浆液扩散、充塞、压实的能量。浆液在岩层中扩散、充塞的过程，就是克服流动阻力的过程，而流动阻力的大小与静水压力、岩层裂隙的粗糙程度、过流断面的大小、浆液的黏滞性、颗粒度和凝固时间的长短等因素有关。注浆压力也就由上述诸因素所决定。

正常的注浆情况是：浆液在一定压力下，沿裂隙流动扩散。离注浆孔越远，阻力越大，浆液向前扩散所消耗的能量也越大。因此浆液中的颗粒成分产生沉析，或浆液本身有化学反应，产生凝胶而停滞。这样，流动阻力随着扩散半径的增大而逐渐增加，注浆压力也相应随之升高，从而产生充塞。当注浆压力上升到一定值后，将充塞物冲开，或将充塞物继续沿裂隙向前推进，出现下降趋势。在此情况下，浆液经再充塞，压力又继续上升，直至将充塞体压实。经验证明，随着注浆压力的提高，充塞物的强度急剧增加，这就保证了充塞物有足够的抗压强度和不透水性。

在特殊条件下，如地下水流速较大，应设法增加浆液的流动阻力，控制扩散范围，这样就需降低注浆压力。

综上所述，注浆压力对浆液的扩散影响很大，因此正确选择注浆压力及合理应用注浆压力，是注浆中的关键问题。

③浆液浓度。

采用水泥注浆时，浆液浓度的应用原则一般是岩石裂隙越大，用浆越浓。但在各段每次注浆时，浆液浓度的使用程序是由稀逐级调浓。

浆液浓度的确定，通常是根据岩层的吸水率（q）来选择。吸水率越大，岩层的透水性越好，要实现预定的扩散范围，浆液也应越浓。

吸水率为单位时间每米钻孔深度在每米水压作用下的吸水量，它可以通过注浆前的压水试验进行概略计算，其计算公式为：

$$q = \frac{Q}{ph}$$

式中：Q—单位时间内钻孔在恒压下的吸水量；

　　　r—试验时所采用的压力；

　　　n—试验钻孔的长度。

注浆过程中，遇有压力突然升高或吸浆量突然减少现象时，均说明加浓的浆液不适当，应返回上一级的浓度。

④浆液注入量。

浆液注入量可根据扩散半径及岩石裂隙率进行粗略计算，其计算公式为：

$$Q = \pi r^2 H n \beta$$

式中：Q—浆液注入量，m^3；

　　　r—浆液扩散半径，m；

　　　n—裂隙率，一般取 1%～5%；

　　　H—注浆段长度，m；

　　　β—浆液在裂隙内的有效充填系数，视岩层性质可取 0.3～0.9。

为获得良好的堵水效果，必须注入足够的浆液量，确保一定的有效扩散范围。但是浆液注入量过大，扩散距离太远，会造成浆液材料的浪费。因而，确定合理的注入量，对提高注浆工程的经济技术指标意义很大。

5.注浆结束标准

注浆结束标准一般用两个指标来表示：一个是最终吸浆量，即注浆注至最后的允许吸浆量；另一个是达到设计压力时（即终压时）的持续时间。从理论上讲，最终吸浆量越小越好，最理想的情况是注至完全不吸浆。但在实际施工中，特别是在高压注浆情况下，是难以做到的，必要性也不大。另外，由于注浆工程性质及技术因素的不同，所以质量要求及结束标准也不一样。

值得注意的是：注浆结束标准无须规定过高，特别是采用尾管注浆时，水泥易在管内和孔中沉淀、脱水，造成堵管和提管的困难。

6.注浆质量检查

（1）施工情况及技术资料的分析。

对注浆过程中的施工情况及有关施工记录技术资料的详细分析，如钻孔偏斜是否给注浆带来漏洞、缺口的可能；分析注浆过程中的压力、浆液浓度、吸浆量等变化，判断注浆工作是否正常。另外，对每孔分段浆液的注入量、注浆事故、跑浆情况和范围、处理措施及效果等也应进行分析和评价。

（2）裂隙充填情况的分析。

由于注浆钻孔施工先后的不同，先施工钻孔的注浆效果，可以通过后施工钻孔取出的岩芯来进行检查，如通过岩芯分析、鉴定各种裂隙充填是否饱满、密实，以及强度大小等。通过对裂隙充填情况的分析，可以找出注浆部位中的薄弱环节，从而在后注浆的钻孔加以弥补。

（3）抽水检查。

在实际工作中，通常采用检查孔与注浆孔合一的方式进行抽水检查，即检查孔与注浆孔兼用。当第一组注浆孔注浆结束之后，于第二组孔或其中的1～2个钻孔进行抽水试验，以检查第一组孔的注浆效果。之后，待第二组注浆结束后，从第1组孔或其中1～2个钻孔中抽水，以检查前两组孔的注浆效果。这种抽水检查方式，不打专门的检查钻。此外，由于抽水的先后和方向的不同，以及抽水次数多，所以采用此方法便于比较、分析，结果可靠性大，效果好。

有的在注浆完成后，于井筒横断面内，地下水流上方或注浆效果较差的钻孔附近，布置1～2个检查孔进行抽水检查。当检查后认为质量尚不合要求时，则可将检查孔当注浆孔使用，继续注浆，以保证注浆效果。

（4）掘凿注浆段观察。

井筒掘凿中，对注浆段注浆效果的观察，是最实际的检查。其检查方法就是经常测定涌水量的变化，观察裂隙的充填情况及浆液的扩散范围（如在注浆段中开掘平巷时），从而判断下段效果，并为以后施工提供可靠的资料。

二、注浆堵水技术在煤矿防治水工作中的应用

（一）注浆帷幕截流

注浆帷幕截流防水是通过钻孔用注浆方法在含水煤（岩）层中建造地下阻水墙的方法。该方法是人工改造水文地质环境，把含水煤（岩）层的补给边界改造成为阻水边界，使含水煤（岩）层在煤炭开采时变得较易于疏干或疏水降压，减少井下涌水量。因此，这是一种防治矿井水害的治本方法。

注浆帷幕截流是一种对施工技术条件要求很严格的工程。在施工前，必须沿帷幕线进行详细的控制勘探，查明帷幕沿线地质构造及含水煤（岩）层的导水性。为此，常需配合钻孔之间的无线电透视及水化示踪剂连通试验等，以掌握帷幕线位置是否合适，并作为施工设计的依据。

为保证帷幕截流的效果，在施工中，常用逐级加密检查的方法布置钻孔。一般采用3个序次的施工方法：在导水性较好的喀斯特岩层中建造帷幕时，第一序孔一般孔距60m，第二序孔一般孔距30m，第三序孔一般孔距15m。检查加固重点地段孔距为7.5m；在导水性较小的地层中，布孔应加密。

为了在施工中检查帷幕截流效果，一般在帷幕两侧应成对布置观测孔。成对观测孔的距离，在导水性好的喀斯特含水层中为100m；在导水性差的含水层中则应缩小。

（二）顶、底板含水层的注浆改造

当开采煤层的顶、底板为富含水层且有补给水源、源头又十分清楚难以疏降时，宜采用含水层注浆进行局部改造的方法防治水。

这种方法通常是采用向顶、底板打注浆孔，孔的布设可用防水试验来确定，选防水孔组中一些放水量大的钻孔为注浆孔，加压注浆。根据具体情况，必要时

可布设专用的注浆钻孔，确保注浆的质量。

（三）采煤工作面底板突水的封堵

采煤工作面底板突水事故发生的主要原因是工作面底板有高水压强含水层，且距离较近，其下隔水层受到矿山压力作用遭到一定破坏，致使工作面发生突水。突水点多在采空区内，因而较难确定其位置，只能判断在某一局限范围内，这给注浆堵水带来一定困难。在条件允许的情况下，可先打探测孔，根据流速、流量判断突水点，如果探测孔接近突水点还可作为注浆孔，根据探测的范围布设堵水钻孔，多是从地面打钻，常要穿过采空区，直至采空区底板下10余米处，全程下通至地表的套管，并进行止水封闭后，方可注浆。注浆时首先用石子或沙子充填突水点处的采空区，增加水流阻力，防止跑浆，当水流量下降后再进行注浆封堵。也可先采用采空区注砂充填，再用旋喷固砂，最后向底板含水层注浆。

（四）断层突水封堵

1. 封闭导水断层构造带的封堵

封堵导水断裂构造带就是向导水断裂构造带打钻孔注浆封堵。钻孔的布控原则是在突水断裂构造和突水点清楚的条件下，首先对准突水点及可能的来水方向布孔，一般情况下打少量的钻孔注浆，就可把水封堵住；当突水断裂构造和突水点不清楚时，则需适当多布置钻孔，并在施工中随时分析研究涌水情况，以便修正布孔方案。断层突水较易封堵，只要注浆钻孔布设合理，一般只需3～5个钻孔即可封堵好。

2. 巷道的封堵

当突水断裂构造发育地点和产状不明确，难以布设注浆钻孔时，可将与断层相联系的巷道封堵，即向突水巷道充填大量砂石，然后注浆加以固结，使突水段巷道全部注实封孔。

（五）陷落柱突水的封堵

陷落柱是由喀斯特洞穴塌陷造成的，是一种有较大断面的垂直导水通道，常与喀斯特强充水含水层直接导通，一旦发生突水，将造成极大的灾害，多导致全矿停产或矿井被淹没，有时还会波及邻近开采矿井的安全。为了消除这种水害，必须尽可能在陷落柱根部（至少也应在开采煤层以下）用钻孔注浆方法进行封堵，形成堵水塞，以便安全彻底地切断陷落柱导水通道。由于陷落柱内充满大小不等、不规则的破碎岩块，给钻孔施工带来很大困难，常发生卡钻、塌孔或钻孔分岔，不能按原设计孔钻进，造成在陷落柱内钻进效率不高等问题。为了加快钻孔注浆堵水的进度，我国创造了先沿陷落柱边缘钻进，再定深定向造斜进入陷落柱的方法（即在边缘钻孔达到一定深度后，选择合适的层位造斜进入陷落柱，然后进行大规模的注浆封堵，在陷落柱内合适的原层位形成堵水塞）。另外，我国还创造了在特大涌水量及动水条件下"三段法"注浆技术（即在与陷落柱涌水相通的巷道内，按其水流方向分下、中、上游3段，沿巷道中线布孔，根据井上下对照图从地面钻进，下游为阻水段，根据灌注材料多少，决定钻孔数量，一般为5～6个孔，孔距为10～15m；中游为堵水段，孔数多些，以便检查质量，孔距为6～10m；上游为加固段，孔数一般为2～3个，孔距根据要求而定）。所有钻孔必须打透巷道。

（六）巷道穿过含水层段及导水、富水段时的预注浆堵水

巷道掘进时穿过含水层或导水断裂构造带，常会发生大量涌水，如不及时有效处理，会发生突水事故，甚至可能淹井。为防止此类事故的发生，一般采取边探边掘，如发现有含水层或导水断裂构造带，就采取超前高压预注浆堵水方法。注浆钻孔的布设常与超前探水钻孔相结合，使巷道周围形成一个阻水圈，不仅可以防止水害，还可以改善工程施工条件。其施工方法有以下两种：一种是在工作面打预注浆钻孔；另一种是为了不影响掘进工作面工作，在巷道两侧掘出分段交替超前注浆硐室，采用巷旁硐室向前方巷道周围打钻注浆。

第五节　水文自动观测系统

水文自动观测系统综合利用电子技术、计算机技术和数据通信技术，可实现无人值守—水文参数（水位或水压、水温）的实时传输和保存，并可通过人工操作对数据进行处理，具有精度高、实时性强、运行安全可靠的特点，能够长期连

续测量设定的水文参数，并利用计算机分析辅助防治水决策，利于及时处理水情，是煤矿防治水工作的眼睛。该系统的运用对保障煤矿安全生产具有重要的意义。

　　该系统一般分为中心站（主站）和终端站（分站）。中心站功能有：通过通信设备向分站发送命令或者接收数据；将数据整理保存到磁盘；完成数据的显示、查询、编辑；对数据进行处理，生成各种报表并打印输出；绘制水压（水位）、温度、流量变化趋势曲线和直方图等各种图形。终端功能有：数据采集、暂存、显示；井下子站通过安全监测系统将数据传输到井上，井上子站通过 GSM 网将数据传输到监测中心。

　　《煤矿防治水规定》第二十五条规定，水文地质类型属于复杂、极复杂的矿井，应当尽量使用智能自动水位仪观测、记录和传输数据。

第六节　排水系统

　　排水系统是一个综合性的系统，包括水泵、排水管路、配电设备和水仓等。排水系统的排水能力与水泵的排水能力、排水管路的管径以及配电设备都有关系。矿井的排水系统是否能起到作用往往取决于最细微的环节，即取决于工作面和掘进头的排水能力。如何保证将工作面和掘进头的涌水顺利排至中央水仓是整个排水系统正常运转的关键，这就需要估算工作面和掘进头的涌水量，配备足够的排水设施，根据实际情况布置临时水仓和水泵。

　　按照《煤矿防治水规定》第五十八条、第六十三条和第六十六条的要求，水文地质条件复杂或者极复杂的矿井，可以在主泵房内预留安装一定数量水泵的位置，或者增加相应的排水能力；应当在井筒底留设潜水泵窝，老矿井也应当改建增设潜水泵窝；井筒开凿到底后，井底附近应当设置具有一定能力的临时排水设施，保证临时变电所、临时水仓形成之前的施工安全；应当在井底车场周围设置防水闸门，或者在正常排水系统基础上安装配备排水能力不小于最大涌水量的潜水电泵排水系统。

第九章　上行开采防治水研究

所谓上行开采，即开采煤层（群）时，先采下煤层（分层或煤组），后采上煤层（分层或煤组）。国内外上行开采工程实践始于20世纪70年代，在世界采矿界广泛关注和研究的同时，有计划地进行试采。尤其是以苏联、波兰、中国等为代表的国家进行了相应的研究与实践，取得了一些值得肯定的成果，创造了较为可观的经济效益，积累了一定的实践经验。

第一节　上行开采防治水方案论证及分析

一、上行开采的必要性

（一）上行开采的优越性及适用性

上行开采在特殊的条件下具有很强的优越性和适用性，主要有以下几点：

（1）当上煤层顶板坚硬、煤质坚硬不易采出时，采用上行开采，可以减轻或消除上煤层开采时产生的冲击地压和周期来压强度；

（2）当上煤层顶板含水层富水性强、顶板淋水，工作面工作条件困难时，先采下煤层可疏干上煤层顶板含水层；

（3）当上部为煤与瓦斯突出煤层时，先将下部煤层作为保护层开采，可减轻或消除上煤层的煤与瓦斯突出的危险，确保矿井安全生产；

（4）当煤层赋存不稳定，上部为劣质、薄及不稳定煤层，开采困难，长期达不到矿井设计能力时，先采下煤层或上、下煤层及薄厚煤层搭配开采，能很快达到矿井设计能力；

（5）用于建筑物、水体及铁路下的"三下"采煤，有时需要先采下煤层，后采上煤层，以减轻对地表的影响；

（6）上部煤层开采困难或投资很多，或下部煤层煤质优良，从国民经济需要出发，有时采用上行开采，可迅速提高经济效益；

（7）在某些地质和技术条件下，新建矿井采用下行与上行开采相结合的方式，可以减少初期巷道工程量、投资及缩短建井工期，获得显著的经济效益。

（二）麦垛山煤矿上行开采的必要性

根据麦垛山煤矿采掘继续计划，矿井在未来几年内主采2煤和6煤，直罗组下段砂岩含水层是影响2煤的主要直接充水含水层之一，分布于整个井田，含水层厚60.21～317.70m，平均厚度138.70m。岩性主要为灰绿、蓝灰、灰褐色夹紫斑的中、粗粒砂岩，夹少量的粉砂岩和泥岩，局部含砾；砂岩的成熟度较低，分选性差，接触式胶结为主。据煤田钻孔简易水文资料，20～24线之间7个钻孔，全井田14个钻孔，在钻进直罗组底部砂岩时，水位下降，耗水量增大，漏水现象严重，说明该含水层渗透性较好，局部地段富水性相对较强。

由于2煤回采的水文地质条件较为复杂，表现为其顶板直罗组下段砂岩含水层厚度大、富水性较强、隔水层较薄等，如果先期回采2煤，不仅投入的防治水工程量大，并且缺乏本井田的防治水经验。另一方面，由于前期在建井阶段遇到的防治水问题较为复杂，使得建井时间延长，为了尽快使矿井投产及未来尽快达产，需要先期开采水文地质条件较为简单的6煤。

综上所述，无论从矿井实际的水文地质条件考虑，还是从矿井的经济效益出发，上行开采无疑成为首选的开采方式。

二、上行开采的可行性

（一）上行开采标准

综合分析国内外煤矿上行开采取得的实践经验，主要从以下几个方面评价上行开采的可行性：

（1）当下部开采一个煤层时，采动影响倍数 $K > 7.5$，上煤层可正常进行掘进和采煤，如果下煤层采出时留有煤柱，则在下部煤柱对应的上煤层工作面内可能出现局部顶板岩层和煤层的开裂现象，采取一定措施后，可正常进行上行开采；

（2）当下部开采多个煤层时，综合采动影响倍数 Ks>6.3，可在上煤层正常进行掘进和采煤工作；

（3）上煤层位于下煤层开采后的冒落带之上时，一般可正常进行上行开采；

（4）上、下煤层必须间隔足够的时间。

（二）上行开采可行性分析

针对麦垛山煤矿上行开采的可行性主要从以下几个方面进行分析：

1. 比值法

确定煤层间距是否满足上行开采条件是首要任务，用比值法进行判别，即：

$$K = H/M$$

式中：K—采动影响倍数；

　　　H—上、下煤层的层间距，m；

　　　M—下煤层采高，m。

根据麦垛山煤矿采区设计的基本条件，6煤采高3.2m，2煤和6煤的层间距平均150m左右，计算得 K=149/3.2=46.88>7.5，可以进行上行开采。

2. "三带"判别法

"三带"判别法认为上、下煤层的间距小于或等于下煤层开采的垮落带高度，上煤层结构受到破坏，无法进行上行开采；当煤层间距小于或等于导水裂缝带高度的时候，上煤层发生中等程度的破坏，采取一定的措施之后可以采用上行开采；煤层间距大于下煤层开采的导水裂缝带高度时，上煤层仅发生整体的移动，不用采取措施即可进行上行开采。

6煤的垮落带和导水裂缝带高度的计算主要依据《建筑物、水体、铁路及主要井巷煤柱留设与压煤开采规程》（2000年版）和《矿区水文地质工程地质勘探规范》（GB 12719-1991）中提供的公式。

《建筑物、水体、铁路及主要井巷煤柱留设与压煤开采规程》提供的公式为：

$$H_{f_1} = \frac{100M}{4.7M + 19} \pm 2.2$$

$$H_{f_2} = \frac{100M}{1.6M + 3.6} \pm 5.6$$

式中：

H_{f_1}—垮落带高度（m）；

H_{f_2}—导水裂缝带高度（m）；

M—采厚（m），取3.2m。

《矿区水文地质工程地质勘探规范》提供的公式为：

$$H_c = 4M$$

$$H_f = \frac{100M}{3.3n + 3.8} + 5.1$$

式中：H_c—垮落带高度（m）；

H_f—导水裂缝带高度（m）；

M—累计采厚（m），取3.2m；

n—煤层开采层数（当 $M \leqslant 4.2$m 时 $n=1$，当 4.2m$\leqslant M \leqslant 8.4$m 时 $n=2$）。

根据上述公式，计算麦垛山煤矿6煤层开采垮落带和导水裂缝带高度值如表9-1所示。

表9-1 麦垛山煤矿6煤层开采垮落带和导水裂缝带高度计算值

煤号及厚度		公式					
号	采厚 m	H_{f_1} $= \frac{100M}{4.7M + 19}$ ± 2.2		H_{f_2} $= \frac{100M}{1.6M + 3.6} \pm 5.6$		Hc＝4M	H_f＝100M/ （3.3n＋3.8） ＋5.1
		平均值/m	最大值/m	平均值/m	最大值/m	计算值/m	计算/m
6	3.2	9.4	11.6	36.7	42.3	12.8	50.2

根据计算结果，6煤的垮落带和导水裂隙带均未波及2煤，矿井可以采取上行开采的方式。

3.附加值法

受单个煤层上行开采采动影响，保证上煤层正常开采的最小层间距离可按以下公式计算：

$$H > 1.14 * M^2 + 4.14 + \Delta m$$

式中：H—最小层间距，m；

M—下煤层采高，m；

Δm—安全系数（或附加值），一般不大于1.0m。

根据公式计算结果，计算出2煤和6煤最小层间距应大于16.81m，2煤和6煤层间距平均为150m左右，满足上行开采的要求。

综上所述，分别利用比值法、"三带"判别法和附加值法对麦垛山煤矿上行开采可行性进行了分析，2煤和6煤的层间距满足上行开采的要求，矿井可以采取上行开采的方式。

三、上行开采防治水的必要性

上行开采的优点主要有准备时间短、出煤快；当上部煤层顶板含水层富水性较强时，先开采下部煤层可以对含水层起到疏放的作用。以往国内外对于上行开采的研究重点主要集中在上行开采可行性的研究方面，但是在上行开采时一个不容忽视的问题就是上行开采条件下防治水技术研究，特别是在受煤层顶板水害威胁的条件下。我国矿井生产绝大多数采用下行开采方式，防治水重点主要为上部煤层老空水的探放，而少数矿井采用上行开采，因此，上行开采条件下的防治水技术方面的研究极为罕见，特别是针对上、下煤层顶板均存在含水层，并且上部煤层顶板含水层富水性较强、厚度较大、水文地质条件较为复杂的复合含水层系统条件下，采用上行开采方式时的防治水技术需要开展专项研究。

麦垛山煤矿2煤的主要充水含水层为其顶板直罗组下段含水层，6煤的主要充水含水层为2～6煤间延安组含水层，在这种复合含水层条件下，先期开采6煤对2～6煤间延安组含水层、2煤以及直罗组下段含水层的影响程度，6煤及2煤的水文地质条件以及防治水技术措施都要开展研究，不仅能够解决麦垛山煤矿上行开采期间的防治水问题，同时能够丰富矿井顶板水防治方面的内容。

四、上行开采防治水的可行性

目前，针对煤矿上行开采已经取得了一些研究成果，其中包括了上、下煤层层间距与采高成正比；当下部开采一个煤层时，上煤层能否开采主要取决于层间距，并且提出了层间距计算公式；层间距与下煤层采高及岩石碎胀系数有关；层间距大于冒落带高度，可以进行上行开采；层间距与下煤层采高呈线性关系；层间距与下煤层采高的平方成正比，与岩石碎胀系数成反比等一系列研究成果以及计算公式。对于上行开采的可行性研究目前已经较为成熟，未来上行开采技术研究的发展趋势主要集中在解决上行开采带来的一系列技术难题，例如，下部煤层"三带"发育探测、巷道的支护、上部煤层工作面位置的确定、回采方式以及随之产生的防治水问题等。

针对上行开采的可行性研究已经具有一定的工作基础和实践经验，并且对上行开采过程中，下煤层对上煤层的影响方法比较多，常见的有经验公式法、相似模拟法、实际观测法，并且随着近些年来，计算机技术的高速发展和日益普及，数值模拟法也成为一种重要的研究方法，因此，在理论基础和研究方法、手段上，本项目的研究是可行且科学合理的。

麦垛山煤矿由于水文地质条件极为复杂，并且前期开展了许多水文地质以及矿井防治水工作，积累了丰富的经验，不仅能够提供所需的资料，在实施的过程中也具备相应的工作经验。研究的最终目的是指导麦垛山煤矿实际生产中的防治水问题，不仅可以积累防治水经验，而且能够有效提高经济效益。

五、上行开采防治水目的

通过对麦垛山煤矿的研究，分析基于复合含水层系统的上行开采过程中2煤和6煤层的充水因素以及所面临的防治水问题；采用一系列探查方法和手段，分析6煤层回采对2煤层及其顶板直罗组下段含水层的影响，并且研究当2煤层分别处于6煤层回采产生的冒落带、导水裂缝带和弯曲下沉带范围内不同的回采技术、涌水量预测方法和防治水措施；在6煤层先期回采及取得防治水经验的基础上，对2煤层工作面位置的布置、涌水量预测方法和2煤层回采的防治水技术提出合理化建议，

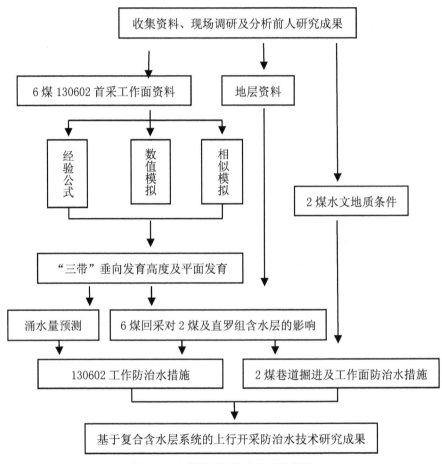

最终保障矿井的安全生产。

六、上行开采防治水技术路线

图9-1　上行开采防治水技术路线图

七、上行开采防治水研究内容

1.通过经验公式计算、相似材料模拟以及计算机数值模拟等方法，确定出130602工作面回采过程中"三带"在垂向上的发育高度和平面上的发育范围及防治水技术措施。

（1）根据130602工作面与其上部2煤的层间距，确定其上部2煤处于130602工作面"三带"的位置，在此基础之上，结合延安组含水层和直罗组下段含水层的富水性，预测130602工作面的涌水量。

（2）结合130602工作面的水文地质条件以及涌水量预测成果，提出130602工作面的防治水技术措施。

2.针对受到130602工作面回采的影响，提出其上部2煤工作面的布置及防治水技术措施。

第二节　上行开采条件下130602工作面防治水技术研究

上行开采法是指在一个煤层群内，含有两层以上并有一定间距及开采价值的煤层，在开采手段上是先采下部煤层，然后再开采上部煤层。上行开采有准备时间短、出煤快的特点，同时，当煤层顶板含水时，对上部工作起到疏导水的作用，有利于排除工作面内的水。

130602工作面是麦垛山煤矿的首采工作面，本节主要对130602工作面防水技术加以研究。

一、130602工作面概况及水文地质条件

130602工作面作为麦垛山煤矿的首采工作面，位于13采区回风立井向西410.55m处，向南东方向264.36～4480.66m，方位角147°，主采煤层为6煤，采用综合机械化一次采全高的采煤工艺，走向长壁后退式采煤方法，全部垮落法管理煤层顶板。工作面走向长度3980m，倾向长度260m，采高3.2m，计划于2014年7月回采，2015年10月回采完毕，计划总产量为475.73万吨。

130602工作面位于家梁周家沟背斜南翼，基本为单斜构造，机巷和辅运巷切眼处标高低于工作面停采线，为仰采；两条风巷为切眼和停采线标高较高，在

2804钻孔附近标高最低，工作面在回采初期为俯采，后期为仰采。

根据工作面巷道掘进揭露资料，工作面内部尚未发现落差大于5m的断层，工作面中部及北部揭露了4条落差在0.6～2.5m的断层。工作面东部有F10断层，距离切眼最近距离约为60m左右，根据前期巷道掘进揭露断层资料，与地质勘探报告中差异较大，因此，在130602工作面巷道掘进过程中当接近断层时，需要边探边掘；当工作面回采前均需要对断层进行含（导）性探查以及核算防隔水煤岩柱是否满足要求。

二、130602工作面充水因素

（一）充水水源

130602工作面开采煤层为侏罗系延安组上部6煤，其直接顶板延安组地层，由三角洲平原相组成，岩性为灰、灰白色中、粗粒长石石英砂岩、细粒砂岩；深灰、灰黑色粉砂岩、泥岩及煤等组成。主要通过裂隙、锚杆、锚索淋水的方式在工作面巷道掘进、支护阶段向巷道内充水，局部淋水在巷道低洼聚集易使底板软化和泥化，使巷道个别区段工作环境变差。由于前期在130602工作面4条巷道掘进过程中滴、淋水现象较为严重，在风巷掘进时掘进头淋水量最大可以达到20m³/h，说明6煤直接顶板延安组含水层具有一定的静储量，并且由于裂隙发育不均匀，表现出富水性的不均一性。130602工作面在回采前，需要对其顶板延安组2～6煤间含水层进行提前预疏放。

根据勘探孔资料统计，130602工作面6煤距延安组2～6煤间含水层7.40～74.60m，平均23.53m；130602工作面上覆延安组2～6煤间含水层厚度0～66.63m，平均厚度25.21m，总体分布规律为工作面两翼较薄，中部较厚，其中靠近停采线附近延安组2～6煤间含水层缺失。

（二）充水通道

130602工作面的主要充水通道为煤层回采所产生的导水裂缝带，根据对导水裂隙带发育高度计算结果，导水裂隙带发育最大高度大于6煤与延安组2～6煤间含水层之间的距离，因此，当130602工作面回采时的导水裂缝带势必会沟通至延安组2～6煤间含水层。

（三）充水强度

130602工作面目前涌水量在103.5m³/h左右，主要是两条风巷、机巷和辅运巷顶板滴、淋水，其中1号风巷涌水量为45m³/h，2号风巷涌水量为29m³/h，机巷和辅运巷为29.5m³/h。130602工作面涌水量随着巷道的掘进不断增大，并且呈现继续增大的趋势，如图9-1所示，这主要和巷道掘进对6煤直接顶板含水层的扰动有关，当工作面进入顶板水疏放阶段，涌水量会有一个大幅增加的趋势。

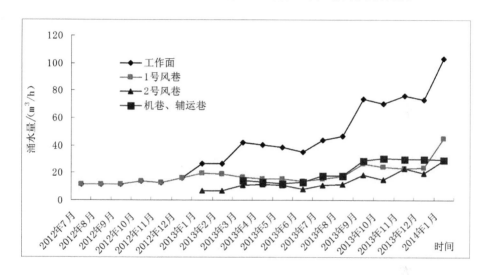

图9-1　130602工作面涌水量历时曲线图

三、130602工作面涌水量预测

工作面开采后，在采空区内，设定顶板砂岩含水层水头降至含水层底板标高，即相对水位标高为零，周边顶板砂岩含水层中的水会在水头压差下向采空区内流动。根据地质条件和水文地质条件分析，在离工作面采空区各边往外一定距离（降深影响半径）后，可以看作定水头边界。工作面采空区水位大幅度下降，致使周围影响半径范围内的顶板水向采空区内渗流。

工作面采后总涌水量 Q（m³）由静储量 Q_j（m³）和动储量（动态补给量）Q_d

（m³）两部分组成。

$$Q=Q_j+Q_d$$

（一）动态补给量计算

动态补给量即工作面采后的稳定涌水量，动态补给量采用"大井法"进行预计。"大井法"是矿坑涌水量计算常用方法之一，它是把矿区水平坑道系统所占的面积看成是等价于一个理想的"大井"面积，整个坑道系统的涌水量就相当于"大井"的涌水量，其计算公式如下：

$$Q = 1.366K\frac{(2M-M)M}{LgR_0 - Lgr_0}\cdot\frac{1}{24}$$

式中：Q—涌水量（m³/h）；

K—渗透系数（m/d）；

M—含水层厚度（m）

（取29.58m，130602工作面顶板含水层平均厚度）；

H—水头高度（m）（初始水位取2303钻孔水位，即为+1316.11m，4～6煤间含水层底板最低标高为+738m，H取578m）；

R_0—引用影响半径（m）；

r_0—引用半径（m）。

参数确定：

1.渗透系数 K 的确定：

表9-2　2～6煤间含水层水文地质参数计算成果表

抽水层位	抽水钻孔	水位降深 S/m	单位涌水量 q/（L/m·s）	含水层厚度 M/m	影响半径 R/m	渗透系数 K/（m/d）
J_2y（Ⅲ）	1205	147.0	0.00012		21.91	0.0002
J_2y（Ⅲ）	1703	7.67	0.067		33.08	0.0497
		15.45	0.044			
		23.25	0.037			

抽水层位	抽水钻孔	水位降深 S/m	单位涌水量 Q/ (L/m·s)	含水层厚度 M/m	影响半径 R/m	渗透系数 K/ (m/d)
J₂y（III）	2303	25.56	0.057		119.69	0.0616
		51.08	0.037			
		76.58	0.028			
J2y 上段（III上）	III上1	24.48	0.0009	2.15		0.0523
J₂y 上段（III上）	回风立井检查孔	37.14	0.0232	109.27		0.0183

　　根据《宁夏回族自治区宁东煤田鸳鸯湖矿区麦垛山井田煤炭勘探报告》中对2～6煤间含水层（III含水层）抽水试验的3个钻孔为1205、1703和2303,《麦垛山煤矿首采区水文地质补充勘探报告》中对2～6煤间含水层（III含水层）抽水试验的1个钻孔为III上1,根据两个报告对2～6煤间含水层（III含水层）计算结果,具体成果如表9-2所示。

　　由于1205钻孔位于井田北翼6煤带式输送机大巷和辅助运输大巷附近,1703钻孔位于井田中部130603工作面内部,这两个钻孔都距离130602和130604工作面较远;回风立井检查孔和水文补勘中的III上1钻孔抽水试验层位是2～4煤间含水层,不能反映出4～6煤间含水层的水文地质特征;2303钻孔位于130604工作面内部靠近机巷位置,其揭露的地层条件和水文地质参数具有较好的代表性,因此,选取2303钻孔的地质资料及含水层参数作为涌水量预测的水文地质参数。

　　2.给水度μ的确定

　　由于麦垛山煤矿130602工作面位于井田南部,靠近红柳煤矿,因此130602工作面的给水度利用红柳煤矿1121工作面的数据来推算,红柳煤矿1121工作面顶板直罗组下段粗砂岩含水层空隙率为19.6, $\mu_{红柳}$=0.0189,麦垛山煤矿130602工作面顶板4～6煤间粗砂岩含水层空隙率为19.17,利用公式 $\frac{\mu_{d红柳}}{\mu_{d麦垛山}}=\frac{n_{红柳}}{n_{麦垛山}}$, 推算 $\mu_{麦垛山}$=0.0185。

　　矿坑所在含水层概化为均质无限分布,天然水位近似水平,因此引用影响半径 R_0可采用下式计算:

$$R_0=r_0+R$$

$$R=10S\sqrt{K}$$

$R = 10S\sqrt{K}=10\times578\times0.0616^{1/2}=1434.56$（K=0.0616m/d）

130602工作面状近似一个矩形，因此选择计算引用半径的公式为：

引用半径（r_0）：$r_0 = \eta\dfrac{(a+b)}{4}$

式中：a、b分别该矩形的边长。

η取值根据$\frac{b}{a}$的取值范围而定，规范取值如表9-3所示。

表9-3　η取值范围表

$\dfrac{b}{a}$	0	0.20	0.40	0.60	0.80	1.00
η	1.00	1.12	1.14	1.16	1.18	1.18

工作面回采过程中，周期性冒落后动态补给量（稳定涌水量）预计结果如表9-4所示。

表9-4　130602工作面采后稳定涌水量预测计算成果表（大井法）

阶段	回采范围/m	动态补给量/（m³/h）
初次来压	60	94.92
第二次来压	120	101.57
第三次来压	180	107.72
第四次来压	240	113.37
第五次来压	300	118.47
第六次来压	360	122.98
整个工作面	3980	314.30

如上表所示，工作面开采老顶垮落步距按照60m（据红柳煤矿资料）计算，含水层厚度按29.58m计算，初次来压后工作面采后稳定涌水量正常值为94.92m³/h；工作面采后稳定涌水量正常值为314.30m³/h。

（二）静态储存量计算

130602工作面周期性涌水水量以4～6煤间砂岩含水层古封存地下水静储量为主，因此，有必要对该工作面顶板充水含水层进行静储量预测计算研究，为疏放水工程布置提供依据。

采用公式：

$$Q_{静储量} = Q_{弹性} + Q_{重力} = \mu_e \cdot F \cdot h + \mu d \cdot F \cdot m$$

考虑到该含水层水压和弹性释水系数的乘积较小，在静储量计算时将含水层弹性释水水量忽略，仅取重力给水的水量值。

故本次计算中：

$$Q_{静储量} = Q_{重力} = \mu d \cdot F \cdot m$$

上式中：$Q_{弹性}$——地下水弹性储存量；

μ_e——弹性释水系数（忽略）；

μd——含水层重力给水度（麦垛山煤矿130602工作面顶板4～6煤间含水层μd=1.85%）；

F——疏干范围面积[130602工作面走向长3980m，倾向长度260m。四周外推60m（按红柳煤矿采空地面塌陷裂缝推算），则疏干面积为1558000m²]；

h——自含水层顶面算起的水头高度；

m——含水层厚度（130602工作面顶板4～6煤间砂岩含水层平均厚度为29.58m）。

表9-5 130602工作面顶板4～6煤间砂岩含水层静储量计算表

估算范围（影响范围按60m计算）	走向长度/m	斜长/m	含水层厚/m	给水度	静储量/m³
初次来压步距（按60m计算）内	180	380	29.58	0.0185	37430.53
周期来压步距	60	380	29.58	0.0185	12476.84
全工作面	4100	380	29.58	0.0185	852584.34

利用上面公式，分别对整个130602工作面顶板4～6煤间砂岩的总静储量、顶板初次来压步距（按60m考虑）范围内以及周期来压步距范围内含水层的静储量

进行估算,结果见表9-5所示。

130602工作面预计回采时间为488天,合11 712h,则回采过程中130602工作面正常涌水量为72.80m³/h。

(三)解析法计算工作面涌水量

通过分别计算出130602工作面每推进60m范围矿井动态涌水量、静储涌水量和总涌水量。计算成果如表9-6所示:

表9-6　130602工作面涌水量计算成果表

序号	平均推进距离 /m	动态涌水量/ (m³/h) K=0.0616m/d	静储量/(m³/h) μ=0.0185	130602工作面涌水量 /(m³/h)
1	60	94.92	72.80	167.72
2	120	101.57	72.80	174.37
3	180	107.72	72.80	180.52
4	240	113.37	72.80	186.17
5	300	118.47	72.80	191.27
6	360	122.98	72.80	195.78
7	...	...	...	...
8	3980	314.30	72.80	387.10

(四)比拟法计算工作面涌水量

目前,鸳鸯湖矿区只有梅花井煤矿已经开始回采6煤,可以利用梅花井煤矿116101和116103工作面的涌水量数据,采用比拟法来预测麦垛山煤矿130602工作面的涌水量。116101和116103工作面涌水量分别为28.5m³/h和91.2m³/h,根据前期井巷工程揭露的地质和水文地质资料,麦垛山煤矿水文地质条件比梅花井煤矿复杂,因此,选取梅花井煤矿116103工作面涌水量来比拟麦垛山煤矿130602工作面涌水量,这两个工作面回采条件、煤层、充水水源条件相似,但是工作面采空区面积和采深存在一定的差异,故利用采面采深比拟法来预测130602工作面的涌水量。

采面采深比拟法矿井涌水量计算公式：

$$Q = Q_0 (\frac{F}{F_0})^n \, m \sqrt{\frac{S}{S_0}}$$

式中：Q—麦垛山煤矿130602工作面的预测涌水量（m^3/h）；

　　　Q_0—梅花井煤矿116103工作面实际涌水量，91.2m^3/h；

　　　F—麦垛山煤矿130602工作面采空区面积，1 034 800m^2；

　　　F_0—梅花井煤矿116103工作面采空区面积，957 220m^2；

　　　S—麦垛山煤矿130602工作面采深，616m；

　　　S_0—梅花井煤矿116103工作面采深，201m；

　　　m、n—参数，m取1，n取2。

通过比拟法计算得出，麦垛山煤矿130602工作面的正常涌水量290.23m^3/h。

（五）130602工作面涌水量计算评价

通过采用大井法对130602工作面涌水量进行了计算，正常涌水量为387.10m^3/h；另外利用了采面采深比拟法对130602工作面和梅花井煤矿116103工作面涌水量进行比拟推算，预测涌水量为290.23m^3/h。由于梅花井煤矿水文地质条件比麦垛山煤矿简单，采用比拟法预测的涌水量比采用大井法的预测值小，因此，采用大井法预测的涌水量作为130602工作面的涌水量。鸳鸯湖矿区各矿最大涌水量与正常涌水量比值为1.4左右，计算得出130602工作面的最大涌水量为541.94m^3/h。

需要指出的是，上述计算成果是在现有的有限的观测资料基础上做出的，鉴于麦垛山煤矿水文地质条件复杂，尤其是延安组砂岩裂隙孔隙含水层沉积旋回多，结构复杂，厚度、富水性极不均一，因此有必要随着矿井采掘工程的进展、矿井水文地质条件的暴露，适时对矿井涌水量进行预测计算，以达到满意的计算结果。

四、130602工作面防治水技术措施

（一）130602工作面顶板水防治措施

1.130602工作面疏放水钻孔参数。

（1）试验段疏放水钻孔。

由于麦垛山煤矿以前未开展过煤层顶板水疏放工程，缺少疏放水经验，为了更好地开展工作面超前预疏放顶板水工作，将130602工作面距离切眼300m范围内作为顶板水疏放试验段，根据试验段疏放水情况及效果，对未来疏放水钻孔参数的优化提供依据。

煤层顶板水疏放试验段内在1号风巷和辅运巷每隔100m设置一个钻场，每个钻场设计3个钻孔（切眼处钻场除外），均为上仰孔，终孔层位为130602工作面导水裂缝带发育最高处（取80m）。

（2）全面疏放水钻孔。

全面疏放水区域在1号风巷和辅运巷每隔100m、200m或300m设置一个钻场（钻场间距参考工作面水文地质条件），每个钻场设计3个钻孔（个别钻场为2个钻孔），均为上仰孔，终孔层位为130602工作面导水裂缝带发育最高处（取80m），在前期试验段针对130602工作面疏放水数据分析的基础上，可以实时调整钻场和钻孔的参数，钻孔参数具体如表9-7所示。

表9-7　130602工作面顶板水疏放钻孔参数表

位置	钻场	钻孔	孔深/m	仰角/°	方位角/°	孔口管长度/m
1号风巷	F1	F1-1	123	35	327	21
		F1-2	158	15	267	21
		F1-3	158	15	237	21
		F1-4	160	19	207	21
		F1-5	137	43	147	21
	F2	F2-1	120	34	327	21
		F2-2	159	16	267	21

位置	钻场	钻孔	孔深/m	仰角/°	方位角/°	孔口管长度/m
1号风巷	F2	F2-3	158	16	237	21
	F3	F3-1	124	37	327	21
		F3-2	161	19	267	21
		F3-3	161	19	237	21
	F4	F4-1	126	37	327	21
		F4-2	163	21	267	21
		F4-3	162	21	237	21
	F5	F5-1	125	37	327	21
		F5-2	164	22	267	21
		F5-3	163	21	237	21
	F6	F6-1	128	39	327	21
		F6-2	165	23	267	21
		F6-3	165	23	237	21
	F7	F7-1	127	38	327	21
		F7-2	166	23	267	21
		F7-3	165	23	237	21
	F8	F8-1	127	38	327	21
		F8-2	167	24	267	21
		F8-3	165	23	237	21
	F9	F9-1	128	39	327	21
		F9-2	168	25	267	21
		F9-3	166	23	237	21
	F10	F10-1	129	39	327	21
		F10-2	167	24	237	21
	F11	F11-1	129	39	327	21
		F11-2	167	25	237	21
	F12	F12-1	133	41	327	21
		F12-2	168	25	237	21
	F13	F13-1	130	40	327	21
		F13-2	169	26	267	21

位置	钻场	钻孔	孔深/m	仰角/°	方位角/°	孔口管长度/m
1号风巷	F13	F13-3	166	24	237	21
	F14	F14-1	132	41	327	21
		F14-2	171	27	267	21
		F14-3	168	25	237	21
	F15	F15-1	130	40	327	21
		F15-2	171	27	267	21
		F15-3	169	26	237	21
	F16	F16-1	131	40	327	21
		F16-2	172	28	267	21
		F16-3	169	26	237	21
	F17	F17-1	130	40	327	21
		F17-2	172	28	267	21
		F17-3	170	27	237	21
	F18	F18-1	132	41	327	21
		F18-2	171	27	267	21
		F18-3	169	26	237	21
	F19	F19-1	133	41	327	21
		F19-2	172	28	267	21
		F19-3	170	27	237	21
	F20	F20-1	131	40	327	21
		F20-2	172	28	267	21
		F20-3	170	27	237	21
	F21	F21-1	130	40	327	21
		F21-2	172	28	267	21
		F21-3	170	27	237	21
	F22	F22-1	130	40	327	21
		F22-2	174	29	267	21
		F22-3	171	27	237	21
	F23	F23-1	131	40	327	21
		F23-2	172	28	267	21

位置	钻场	钻孔	孔深/m	仰角/°	方位角/°	孔口管长/m
1号风巷	F23	F23-3	173	28	237	21
	F24	F24-1	129	39	327	21
		F24-2	172	28	237	21
合计	70		10 744			1470
辅运巷	FY1	FY1-1	128	39	327	21
		FY1-2	179	32	27	21
		FY1-3	182	34	57	21
		FY1-4	183	34	87	21
		FY1-5	128	39	147	21
	FY2	FY2-1	126	38	327	21
		FY2-2	178	31	27	21
		FY2-3	180	32	57	21
	FY3	FY3-1	127	38	327	21
		FY3-2	179	32	27	21
		FY3-3	180	33	57	21
	FY4	FY4-1	129	39	327	21
		FY4-2	178	31	27	21
		FY4-3	179	32	57	21
	FY5	FY5-1	129	39	327	21
		FY5-2	178	31	27	21
		FY5-3	177	31	57	21
	FY6	FY6-1	129	39	327	21
		FY6-2	177	31	27	21
		FY6-3	176	30	57	21
	FY7	FY7-1	129	39	327	21
		FY7-2	177	31	27	21
		FY7-3	176	30	57	21
	FY8	FY8-1	127	38	327	21
		FY8-2	177	31	27	21
		FY8-3	178	31	57	21

位置	钻场	钻孔	孔深/m	仰角/°	方位角/°	孔口管长度/m
辅运巷	FY9	FY9-1	129	39	327	21
		FY9-2	177	31	27	21
		FY9-3	177	31	57	21
	FY10	FY10-1	131	40	327	21
		FY10-2	178	31	27	21
		FY10-3	177	31	57	21
	FY11	FY11-1	131	40	327	21
		FY11-2	178	31	27	21
		FY11-3	178	31	57	21
	FY12	FY12-1	131	40	327	21
		FY12-2	177	31	27	21
		FY12-3	176	30	57	21
	FY13	FY13-1	133	41	327	21
		FY13-2	178	31	27	21
		FY13-3	176	30	57	21
	FY14	FY14-1	131	40	327	21
		FY14-2	177	31	27	21
		FY14-3	175	30	57	21
	FY15	FY15-1	131	40	327	21
		FY15-2	176	30	27	21
		FY15-3	175	30	57	21
	FY16	FY16-1	131	40	327	21
		FY16-2	175	30	27	21
		FY16-3	174	29	57	21
	FY17	FY17-1	131	40	327	21
		FY17-2	174	29	27	21
		FY17-3	174	29	57	21
	FY18	FY18-1	131	40	327	21
		FY18-2	175	30	27	21
		FY18-3	174	29	57	21

位置	钻场	钻孔	孔深/m	仰角/°	方位角/°	孔口管长度/m
辅运巷	FY19	FY19-1	130	40	327	21
		FY19-2	175	30	27	21
		FY19-3	173	28	57	21
	FY20	FY20-1	132	41	327	21
		FY20-2	176	30	27	21
		FY20-3	174	29	57	21
	FY21	FY21-1	132	41	327	21
		FY21-2	176	30	27	21
		FY21-3	173	29	57	21
	FY22	FY22-1	131	40	327	21
		FY22-2	174	29	27	21
		FY22-3	173	28	57	21
	FY23	FY23-1	131	40	327	21
		FY23-2	174	29	27	21
		FY23-3	172	28	57	21
	FY24	FY24-1	130	40	327	21
		FY24-2	172	28	57	21
合计	73		11 710			1533
总计	143		22 454			3003

2.130602工作面疏放水钻孔结构

井下疏水钻孔开孔位置应尽量选择顶板岩体相对完整区段开孔，尽量穿透延安组2～6煤间含水层。钻孔开孔∅146mm，下∅127mm，壁厚6mm的止水套管（长度确定依据《煤矿防治水规定》相关要求确定）。此后以∅113mm裸孔钻进，终孔于130602工作面导水裂缝带发育最高处，其结构如图9-2所示。

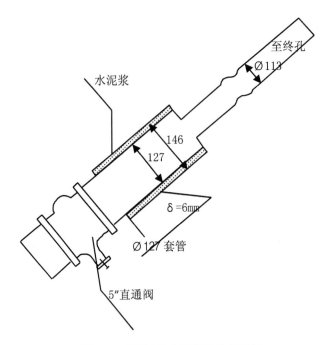

图9-2 井下疏放水钻孔结构示意图

3. 130602工作面疏放水技术要求

（1）止水套管的安装与固定。

止水套管除导向作用，还是防止煤岩壁渗水及含水层涌水带压溃破的最后屏障，必须固壁牢靠。对本区而言，疏放水试验孔止水套管的作用还包括四个方面：

①管理孔内流水，实现可控疏放；

②支护直接顶板软岩，防止直接顶板泥岩、粉砂岩段塌孔、堵孔、缩径，保证钻孔长期留存和连续疏水；

③防止直接顶板层因渗水软化造成安全事故；

④保障施工、观测安全，通过孔口装置约束孔内流水、流渣，防止伤及施工、观测人员。

因此，施工过程中应选择6煤顶板岩层坚硬完整地段开孔，尽量避免在煤层之中开孔，套管孔径∅127mm，壁厚6mm，缠绕6#铅丝并对局部进行点焊。止水套管长度以隔离巷道围岩扰动段为目标，其长度根据各钻孔预计水压确定，对局部顶板破碎区段还应增加止水套管长度以达到上述目标。止水套管以丝扣连接，外露部分长度不得大于0.5m。钻至预定深度后，将孔内冲洗干净。注浆使止水套管（管周围应焊扶正肋骨片）与孔壁间充满水泥浆。

浆液成分：

水灰比0.75：1，掺入5%水玻璃（42Be），常温条件下，凝固24h，方可扫孔。

待孔口管周围水泥浆凝固后扫孔，扫孔深度应超过孔口管长度0.5m，而后进行耐压试验。止水套管结构及固管方法见图9-3、9-4所示。

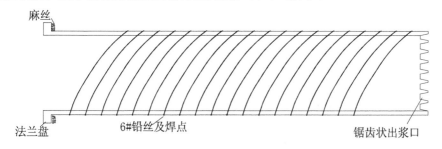

图9-3　止水套管结构示意图

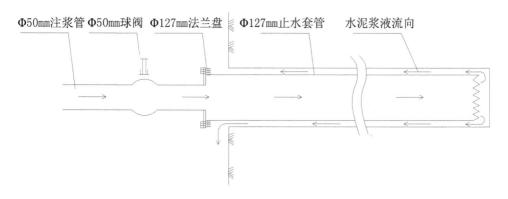

图9-4　止水套管固结注浆接头结构示意图

（2）耐压试验。

扫孔后对止水套管必须进行耐压试验。试验压力不小于设计水头压力的1.5倍（建议压力大于9Mpa），并且稳定时间必须至少保持半小时，孔口周围不漏水，止水套管牢固不活动，方可钻进。

（3）孔口装置。

由于疏放水孔需要收集放水时的水量、水压等资料，因此，孔口除了安装质量合格耐压达6Mpa的控水阀门（Ø127mm球阀）外，还需安装压力表（试验段内每个钻场选一个水量最大的钻孔测压，正式疏放段每2个钻场选取一个水量最大的钻孔测压）和流量计（大口径水表即可，小水量钻孔无须安装水表，用桶测法测量流量）等孔口装置如图9-5、9-6所示。孔口装置要同钻孔套管的法兰盘连接在一起，并且易于拆开，在测量过程中要求密封不漏水。为了不影响钻探施工进度，建议将孔口阀门安排在钻进至直罗组砂岩含水层前5m时安装。钻入至含水层初次出水后，应进行水量与水压观测。在钻进过程中，一旦发现钻孔中水压、水量突然增大，或溃砂时，停止钻进，固定钻杆，向矿调度室汇报，采取措施进行处理。

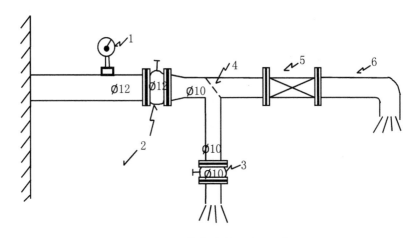

图9-5　井下放水孔孔口装置示意图

1-压力表；　2-球阀；　3-蝶阀；　4-滤板；　5-流量表；　6-软管

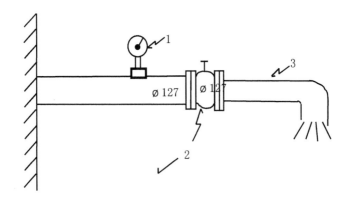

图9-6　井下压力观测孔孔口装置示意图

（1-压力表；　2-球阀；　3-软管）

（4）钻场。

为了使顶板水探放工程不影响工作面的正常生产，并且考虑到便于工作面回采，在两条巷道内帮施工钻场。

顶板水探放钻机推荐 ZDY1900s 和 ZDY3200，钻场结构暂按照这两种钻机设计，其宽度为5m，深度为6m，高度为4m（钻场参数也可以根据钻机型号和巷道实际具体情况调整），钻场施工应选择岩体完整的部位，其支护要求与巷道的支护要求一致，具体尺寸如图9-7所示。

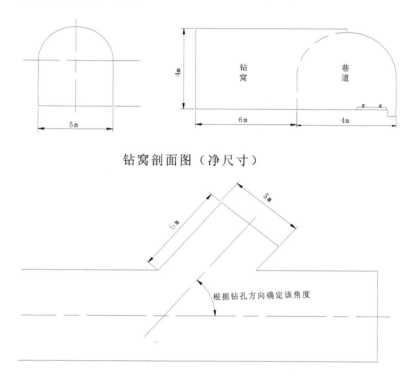

钻窝剖面图（净尺寸）

图9-7　钻窝工程设计图

同时，施工队伍也可以选择其他满足要求的钻机施工，并且根据钻机型号和钻杆长度施工钻窝，由钻孔施工技术人员配合掘进区队打好固定钻机锚杆，并配掘一个临时水窝，长1.5m×宽1m×高1m，配备相应的水泵和管路。

（5）钻探技术要求。

①钻孔仰角应严格测量，角度误差控制在5%以内。为了提高钻探效率，钻孔采用无芯钻进，但钻进中应做好岩粉的采取、判层和编录工作。

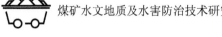

②钻进时应准确判别煤、岩层厚度并记录换层深度。一般每钻进10m或更换钻具时，测量一次钻杆并核实孔深。终孔前再复核一次，并进行孔斜测量。

③钻进时，发现顶板煤岩松软、片帮、来压或孔中的水压、水量突然增大，以及有顶钻等现象时，必须立即停钻，记录其孔深并同时将钻杆固定。要立即向矿调度室汇报，及时采取措施，进行处理。

④钻进中发现有害气体喷出时，应立即停止钻进、切断电源，将人员撤到有新鲜风流的地点。立即报告矿调度室，采取措施。

⑤钻孔内水压过大时，应采用反压和防喷装置的方法钻进，应有防止止水套管和煤（岩）壁突然鼓出的措施。

（6）放水及观测技术要求。

①即将揭露含水层时，要带闸阀钻进。钻孔初次出水后，要观测水压、水量、水温并采取水样进行水质化验。估计静水量或补给量。根据矿井排水能力及水仓容量，控制放水孔的流量或调整排水能力，并清理水仓、水沟等。

②钻进至直罗组下段砂岩含水层顶板钻孔终孔后，应观测水压、水量、水温并采取水样进行水质化验。

③放水时，应当设有专人监测钻孔出水情况，测定水量和水压，做好记录。如果水量突然变化，应当及时分析处理，并立即报告矿调度室。

（7）疏放水的安全措施。

①保持钻孔水在巷道中泄水通道的畅通，探水的回风巷和机巷，原则上不得有低洼积水段，无法处理的低洼积水段应临时设置排水泵，并有专人看护。

②探放水地点和低洼积水段必须安设电话和报警装置，并在低洼巷段标注警戒水位线，一旦积水标高高于警戒水位，应立即报警，通知积水段以里人员立即撤离，并通过闸阀控制疏水孔水量。

③必须向受水威胁地区的施工人员贯彻、交代报警信号及避灾路线。

④探水巷道应加强出水征兆的观察，一旦发现异常应立即停止工作，及时处理。情况紧急时必须立即发出警报，撤出所有受水威胁地区的人员。

⑤疏放水钻孔施工前应编制施工设计报矿方审批，疏放水人员必须按照批准的设计施工，未经审批单位和设计单位允许，不得擅自改变设计。

（二）130602工作面断层水防治措施

麦垛山井田内发育的褶皱和断裂所产生的裂隙较多，这些裂隙是主要储水富集带导水通道，特别是裂隙密集带呈集中涌水。因此，构造裂隙带充水对矿床开采和井巷工程常造成巨大威胁。

根据前期主水平和辅助水平大巷掘进揭露的地质资料，原勘探报告中F9和F11断层并未被大巷揭露，取而代之的是一个背斜，并且揭露的F10断层也与地质报告中差异较大，说明前期的地质报告与井田实际情况存在一定误差，这在巷道掘进和工作面回采过程中要引起足够重视。F10断层位于130602工作面东北方向，由于巷道掘进揭露资料和地质报告存在较大差异，因此，在130602工作面巷道掘进和工作面回采前需要针对F10断层开展专项的探放水工作，进一步探查清楚130602工作面和F10断层之间的防隔水煤（岩）柱是否满足要求。

针对F10断层设计的钻孔主要目的是通过钻探探查F10断层对130602工作面是否具有水害威胁，并且进一步核算防隔水煤（岩）柱的宽度，来保障巷道在掘进阶段和工作面回采期间避免导通断层，发生水害事故。

1. 巷道掘进阶段断层水探放

目前，130602工作面1号风巷已经掘进至27勘探线附近，根据地质勘探报告，27勘探线以南130602工作面距离F10断层较近，因此，在接下来1号风巷掘进过程中要对F10断层进行探查，一方面保障在巷道掘进过程中的安全，另一方面可以根据实际对断层的探查结果确定130602工作面切眼的位置。

在130602工作面1号风巷掘进阶段，设计的F10断层探放水钻孔共有7个，均位于1号风巷，具体参数如表9-8所示。

表9-8　130602工作面巷道掘进阶段断层水探放钻孔参数表

位置	钻场	钻孔	孔深/m	仰角/°	方位角/°	孔口管长度/m
1号风巷	F11	JD1	233	0	116	21
	F10	JD2	233	0	116	21
	F9	JD3	233	0	116	21
	F8	JD4	233	0	116	21
	F6	JD5	233	0	116	21

位置	钻场	钻孔	孔深/m	仰角/°	方位角/°	孔口管长度/m
1号	F4	JD6	233	0	116	21
风巷	F2	JD7	233	0	116	21
合计			1631			147

2. 工作面回采前断层水探放

为了保障工作面在回采期间不受断层水的威胁，需要对27勘探线以北F10断层与130602工作面之间的防隔水煤（岩）柱进行核算，因此，针对F10断层的探查钻孔初步设计为4个，位于130602工作面的1号风巷，具体参数如表9-9所示。

表9-9　130602工作面回采前断层水探放钻孔参数表

位置	钻场	钻孔	孔深/m	仰角/°	方位角/°	孔口管长度/m
1号	F12	D1	120	0	67	21
	F15	D2	120	0	67	21
风巷	F17	D3	120	0	67	21
	F20	D4	120	0	67	21
合计		4	480			84

如果在巷道掘进过程中探放水钻孔（JD1～JD7）揭露断层，需要根据断层的含（导）水性来制定相应的防治水方案，如果断层为含（导）水断层，则要根据实际揭露资料来核算断层与工作面之间的防隔水煤（岩）柱宽度，结合工作面的具体情况，确定切眼的位置。如果在工作面回采前探放水钻孔（D1～D4）揭露断层，则需要根据具体的水压和相关参数计算断层与工作面之间的防隔水煤（岩）柱的宽度，如果不满足相关规程规范要求，在工作面回采前必须对断层水开展相应的防治工作。

3. 工作面回采前断层注浆堵水

经过对F10断层的探查，如果断层与工作面之间的防隔水煤（岩）柱不满足相关规程规范要求，并且断层水不具备疏放条件，经过对水文地质条件的分析和论证后，可以考虑对断层进行注浆堵水，在注浆堵水前必须编制相关设计和施工组织设计，报矿方批准后，方可实施。

（三）130602工作面离层水防治措施

1. 离层水探放的必要性

由于麦垛山煤矿的临近煤矿——红柳煤矿2煤开采矿井充水水源来自其顶板侏罗系直罗组底部粗砂岩裂隙孔隙含水层。该含水层富水性弱，单位涌水量q（L·s^{-1}·m^{-1}）≤0.1。然而，1121工作面在2009年9月份开始回采到2010年3月份共推进了约186m，却经历了4次较大规模的突水，最大突水量3 000m^3/h，工作面被迫两次停产。后来经过对突水水量、消减情况以及2煤顶板岩性组合的分析，认为造成这几次较大突水的水源为顶板离层水，在此基础上，根据红柳煤矿的实际情况确定了回采步距、离层水探放方案、钻孔设计以及施工次序等，最终实现了1121工作面的安全回采。

鉴于麦垛山煤矿130602首采工作面距离红柳煤矿较近，并且130602工作面顶板岩性组合与红柳煤矿1121工作面相似，根据工作面内部钻孔资料，在延安组2～6煤间含水层中也出现了夹层隔水层，为了避免类似红柳煤矿离层水害的发生，在认真总结红柳煤矿离层水防治经验和麦垛山煤矿130602工作面实际情况的基础上，制定了麦垛山煤矿130602工作面离层水探放设计。

2. 离层水产生位置的确定

根据红柳煤矿1121工作面前几次突水过程分析和试验段开采确定的垮落步距，周期性突水与开采距离有直接关系，即为：62m左右。因此，在确定回采步距时应充分考虑到这一点，同时还要尽可能地提高工作面的回采效率，尽量避免每一回采步距的停采线距离下一次周期来压位置太近。如果离得太近，可能会出现离层水未来得及疏放而发生事故；如果离得太远，则工作面回采效率低，同时下一段的回采又可能会离下一次周期来压位置太近而发生危险。

在考虑了麦垛山煤矿130602工作面具体情况的基础上，结合以上分析认为：130602工作面离层水在距离切眼30～40m左右产生的可能性较大。因此，130602工作面离层水的形成位置初步预计在距离机巷30～60m，距离切眼30～40m左右的区域。

3. 离层水探放方案

根据对红柳煤矿离层水的研究成果和实践经验，并且结合麦垛山煤矿130602工作面的实际情况，垂向上，施工的离层水探放钻孔要穿透130602工作面导水裂缝带发育高度最大值（取60m）；平面上，最低点位置据机巷煤帮约30～60m范围。因此，在设计离层水探放钻孔时应使钻孔穿过离层最低处。

从钻孔个数上看，初步设计一个钻场，位于FY1钻场，此钻场设计6个钻孔，如果已成钻孔出水量超过20m³/h，再加密放水钻孔。

钻孔设计施工中应注意下列技术问题：

（1）离层水探放钻孔在施工时间上要紧密结合工作面的回采进度和垮落步距，施工时间过早离层水尚未大规模形成；施工时间过晚可能会影响工作面的正常推进。

（2）受覆岩条件的影响，钻孔在放水过程中会出现塌孔、堵孔现象，下设钢制筛管后，疏水效果明显。

（3）受离层发育位置的限制，施工要严格按照设计参数进行。

4.离层水探放钻孔设计

（1）钻孔参数。

钻孔参数如表9-10所示。

表9-10　130602工作面离层水探放钻孔参数表

位置	钻场	钻孔	孔深/m	仰角/°	方位角/°	孔口管长度/m
机巷	FY1钻场	L1-1	120	21	99	21
		L1-2	125	20	104	21
		L1-3	131	21	93	21
		L1-4	135	19	97	21
		L1-5	142	20	88	21
		L1-6	146	19	92	21
合计		6	800			126

（2）钻孔结构。

尽量从煤层顶板完整粉砂岩段开孔，穿过延安组2～6煤间含水层60m后终孔。钻孔开孔∅146mm，煤层直接顶板粉砂岩、泥岩段下∅127mm，壁厚6mm的止水套管。在含水层段以∅94mm裸孔钻进。

（3）技术要求。

技术要求同顶板水疏放钻孔。

钻孔施工时间一定要严格控制，施工时间不宜过早，否则离层空间尚未形成，如果施工时间过晚，不能在老顶垮落之前施工完毕，离层水会随着老顶垮落进入巷道，造成水害事故。建议在工作面回采之前可以先施工好止水套管，固管完毕等待工作面即将回采至离层水发育位置开始继续施工钻孔，具体施工时间可以根据现场实际情况调整。

（4）钻孔施工次序。

先施工距离机巷30m的L1和L2钻孔，然后依次施工L3和L4，最后施工L5和L6。如果施工钻孔出现较大出水（暂定大于10m³/h），则暂停施工，待相关技术人员商定后再决定是否继续施工其他钻孔。

前期施工的疏放水钻孔中塌孔比较严重，为了确保疏水效果，请矿方与施工单位协调，及时透孔。

（5）130602工作面回采过程中的观测内容和要求。

为了使得工作面回采过程受到的水害威胁降到最低，并为后续防治水措施和开采方式的优化提供必要的资料和参考，需要在回采过程中和回采结束后对下列内容进行严密观测：

①回采过程离层疏放钻孔水量观测；

②提前预疏放钻孔水量、水压观测；

③采空区涌水量观测；

④顶板淋水变化异常现象观测；

⑤矿压观测。

如果在初次来压步距之前离层水探放钻孔水量较大，则依据离层水探放情况设计施工下一个步距的离层水探放钻孔。

参考文献

[1] 车树成，张荣伟.煤矿地质学[M].徐州：中国矿业大学出版社，2006,100.

[2] 陈涛.浅析坑柄煤矿水害类型及其防治对策[J].能源与环境，2011（1）：94-95.

[3] 国家安全生产监督管理总局，国家煤矿安全监察局.煤矿防治水规定[M].北京：煤炭工业出版社，2009,25-27.

[4] 虎维岳.矿山水害防治理论与方法[M].北京：煤炭工业出版社，2005.

[5] 李增学.矿井地质[M].北京：煤炭工业出版社，2009.

[6] 刘会明.老空积水的探水方法及技术[J].图书情报导刊，2009，19（33）：129-131

[7] 刘伟韬，武强.深部开采断裂滞后突水机理及数值仿真技术[M].北京：煤炭工业出版社，2010.

[8] 卢鉴章，刘见中.煤矿灾害防治技术现状与发展[J].煤炭科学技术，2006,34（5）：1-5

[9] 煤炭科学研究总部西安研究院.深部矿井灾害源探测实践[M].北京：煤炭工业出版社，2008.

[10] 宋元文.煤矿灾害防治技术[M].兰州：甘肃科学技术出版社，2007.

[11] 王大纯.水文地质学基础[M].北京：地质出版社，1995.

[12] 王秀兰，刘忠席.矿山水文地质[M].北京：煤炭工业出版社，2007.

[13] 姚永熙.地下水监测方法和仪器概述[J].水利信息化，2010（1）：6-13.

[14] 叶守泽，詹道江.工程水文学[M].北京：中国水利水电出版社，2010.

[15] 张正浩.煤矿水害防治技术[M].北京：煤炭工业出版社，2010,（2）：50-51.

[16] 赵苏启，武强，郭启文等.引流注浆快速治理煤矿水害技术[J].煤炭科学技术，2003,31（2）：27-29

[17] 赵蕴林，张瑞，吴磊.工程地质[M].哈尔滨：哈尔滨工业大学出版社，2013.

[18] 中国煤炭工业劳动保护科学技术协会.矿井水害防治技术[M].北京：煤炭工业出版社，2007.